多媒体教学辅助教材

建 筑 施 工

穆静波 林 振 编著

中国建筑工业出版社

图书在版编目(CIP)数据

建筑施工／穆静波，林振编著.—北京：中国建筑工业出版社，2004

多媒体教学辅助教材

ISBN 978-7-112-06201-0

Ⅰ.建… Ⅱ.①穆…②林… Ⅲ.建筑工程—工程施工—高等学校—教材 Ⅳ.TU7

中国版本图书馆CIP数据核字（2004）第020266号

多媒体教学辅助教材
建 筑 施 工
穆静波 林 振 编著

*

中国建筑工业出版社出版、发行（北京西郊百万庄）
各地新华书店、建筑书店经销
北京建筑工业印刷厂印刷

*

开本：787×1092毫米 1/16 印张：$14\frac{1}{4}$ 字数：344千字
2004年7月第一版 2011年8月第六次印刷
定价：30.00元（含光盘）
ISBN 978-7-112-06201-0
(12214)

版权所有 翻印必究
如有印装质量问题，可寄本社退换
（邮政编码 100037）

本教材依据施工课感性知识多、实践性强这一重要特点，采用多媒体教学的先进技术，对建筑施工课程进行授课和演示。内容包括主要工种工程的施工工艺及工艺原理，施工方案与方法，流水施工原理与方法，网络计划技术的应用，施工组织方法等。教学重点突出，表现新颖活泼。

本教材主要作为课堂教学和自学的辅助教材，可用于土木工程及相关专业本专科、高职以及成人教育、高级岗位培训的课堂教学，也可作为自考、函授、电大等各类学员自学使用，同时也可供有关工程技术人员参考。

* * *

责任编辑：郦锁林
责任设计：彭路路
责任校对：王金珠

前　言

施工课是一门综合性、实践性很强的课程，许多施工工艺、机具设备、技术要求等，难以在有限的时间内用口述和在黑板上作图表达清楚；现场参观虽然有较好的效果，但往往受到时间、工程内容及工程进展情况等限制。而计算机多媒体教学可以集文字、数据、图片、动画、音响、录像等多种教学信息于一体，能给予学生更多的感官刺激，以加强学生对陌生的实践过程和难以想象的抽象概念的认识和理解。因此它具有信息功能强、教学效率高、形式新颖活泼、令人喜闻乐见的特点，是提高教学效率和改善教学效果的最佳途径，也是施工类课程教学的必由之路。而个人微机的发展以及多媒体教室的建立，为这种教学方法的实现创造了有利条件。

本教材广泛汲取多种优秀教材、手册之精华，在总结多年教学经验的基础上，根据教学大纲要求编制而成。经过几年来多位任课教师及数十个班级学生的使用，不断补充、修改，并按照2001~2002年新规范进行了调整。在制作时考虑了既突出课程的重点，又适当扩大了教学范围，并增加了一些施工新工艺、新方法等。

本教材主要包括两部分。一部分为多媒体教学、演示光盘，另一部分为课程重点内容的文本教材。

多媒体教学、演示光盘主要是通过"PowerPoint"幻灯片形式，可按章节逐条演示教学重点，播放教学图片、表格和照片，进行动画演示，并可借助VCD播放程序或播放软件插播录像片段。本套多媒体教材的光盘课件采用公众性软件平台，便于使用者调整、修改、添加或删减（使用要求与方法见"使用说明"）。

本教材较系统地汇集了本课程的重点内容和主要知识点，并附有习题。主要为解决采用多媒体教学方法，使得教学容量加大，教学进程加快，且上课时教室的光线可能较差，学生难以记录完整的笔记这一矛盾。既便于学生抓住重点，又便于预习和复习。同时文本教材中留出了一定量的空白，可用于补充部分笔记。

本教材在编制过程中，参考了多种教材、手册及有关资料，在此谨对这些书籍和资料的作者表示诚挚感谢。教材中的录像片断由张春学、韩志坚同志摄录，对他们的辛勤工作致以深深的谢意。

本教材虽经精心编制，但由于作者水平所限，定有不足之处，敬请读者批评指正。

教 学 演 示 光 盘
使 用 说 明

　　为了能正确使用《多媒体教学辅助教材——建筑施工》光盘课件,建议在浏览和观看该教材之前先阅读本使用说明。
　　一、系统要求:
　　1. 硬件:CPU 在奔腾Ⅱ×133M 以上,内存不少于 64M,显卡支持真彩色(16 位以上),屏幕分辨率 800×600 以上;
　　2. 操作系统:Windows95、Windows98、Win Me、Windows NT、Windows 2000;
　　3. 应用软件:PowerPoint97、PowerPoint 2000、操作系统自带媒体播放器的多媒体软件。
　　二、幻灯片放映操作步骤:
　　1. 开机,进入操作系统的桌面;
　　2. 将《多媒体教学辅助教材——建筑施工》光盘放入光盘驱动器;
　　3. 打开电子演示软件 PowerPoint 2000(或 PowerPoint 97);
　　4. 选"打开已有的演示文稿"及"更多文件……",点"确定";
　　5. 选光盘驱动器的盘号,点选要播放的章节,"确定";
　　6. 点选工作区左下角最右面的"幻灯片放映"按钮,便使幻灯片处于待放映状态中;
　　7. 单击鼠标左键,即执行放映。
　　8. 在放映过程中,若欲停止放映、绘图或翻打本文件的其他幻灯片时,可单击鼠标左键,在所弹出的菜单框中点选即可。
　　三、录像片放映操作步骤:
　　1. 在放映幻灯片的过程中,凡有放映按钮"▶"图标时,单击该按钮,媒体插放程序即可执行与该章节内容相关的录像片断的放映。
　　2. 放映结束或欲停止插放时,关闭媒体插放程序即可恢复到幻灯片放映。

前言
教学演示光盘使用说明
绪论 ··· 1

第一章　土方工程 ··· 3
 第一节　概述 ·· 3
 第二节　土方量计算与土方调配 ·· 4
 第三节　土方施工的辅助工作 ·· 10
 第四节　基坑的开挖 ·· 17
 第五节　土方的填筑与压实 ··· 18

第二章　深基础工程 ··· 21
 第一节　概述 ·· 21
 第二节　钢筋混凝土预制打入桩的施工 ·· 21
 第三节　灌注桩施工 ·· 24
 第四节　其他深基础施工 ·· 25

第三章　砌体工程 ··· 27
 第一节　概述 ·· 27
 第二节　砌体工程的准备工作 ·· 27
 第三节　砌筑施工 ··· 30
 第四节　冬期施工 ··· 34

第四章　钢筋混凝土工程 ·· 35
 第一节　概述 ·· 35
 第二节　钢筋工程 ··· 35
 第三节　模板工程 ··· 46
 第四节　混凝土工程 ·· 52
 第五节　混凝土冬期施工 ·· 60

第五章　预应力混凝土工程 ··· 63
 第一节　概述 ·· 63

目 录

第二节　先张法施工 ·· 63
第三节　后张法施工 ·· 65

第六章　结构吊装工程

第一节　概述 ··· 73
第二节　起重安装机械 ··· 73
第三节　钢筋混凝土单层厂房结构吊装 ······································· 78
第四节　多层房屋结构吊装 ·· 85
第五节　网架结构吊装 ··· 87

第七章　防水工程

第一节　概述 ··· 88
第二节　地下防水 ··· 88
第三节　屋面防水工程 ··· 95

第八章　装饰装修工程

第一节　概述 ··· 99
第二节　门窗安装 ··· 99
第三节　抹灰工程 ··· 101
第四节　饰面板（砖）工程 ··· 105
第五节　涂饰工程 ··· 107
第六节　裱糊工程 ··· 109

第九章　路桥工程

第一节　路基工程 ··· 110
第二节　路面施工 ··· 111
第三节　混凝土桥梁结构工程 ·· 113

第十章　施工组织概论

第一节　建筑工程的特点与程序、组织原则 ······························· 117
第二节　施工准备工作 ··· 119
第三节　施工组织设计概述 ·· 120

第十一章　流水施工法

第一节　流水施工的原理 ·· 123
第二节　流水施工的主要参数 ·· 125
第三节　流水施工的组织方法 ·· 129

第十二章　网络计划技术

第一节　概述 ··· 137

第二节　双代号网络计划 …………………………………… 138
　　第三节　单代号网络计划 …………………………………… 148
　　第四节　时间坐标网络计划 ………………………………… 151
　　第五节　网络计划的优化 …………………………………… 153

第十三章　单位工程施工组织设计 ………………………………… 176
　　第一节　概述 ………………………………………………… 176
　　第二节　施工方案的选择 …………………………………… 178
　　第三节　施工计划的制定 …………………………………… 184
　　第四节　施工现场布置图的设计 …………………………… 188
　　第五节　措施与技术经济指标 ……………………………… 191

第十四章　施工组织总设计 ………………………………………… 194
　　第一节　概述 ………………………………………………… 194
　　第二节　施工部署和施工方案 ……………………………… 195
　　第三节　施工总进度计划 …………………………………… 195
　　第四节　资源需要量计划 …………………………………… 195
　　第五节　全场性暂设工程 …………………………………… 195
　　第六节　施工总平面图 ……………………………………… 198

习　　题 …………………………………………………………… 199

参考文献 …………………………………………………………… 218

绪　论

一、课程的任务及主要内容

1. 任务：研究建筑工程中主要工种工程的施工工艺原理和方法、技术要求，以及施工组织的一般规律。

即如何按建筑、结构设计图将分散的材料、构件科学地加工成建筑物。

2. 主要内容：见下表

课程内容安排

课　程	分　项	内　容
施工技术	基础阶段	土方、深基础、地下防水
	主体结构阶段	砌体、钢筋混凝土、预应力混凝土、结构安装
	屋面及装饰装修阶段	防水、装饰
施工组织	计划原理	流水施工、网络计划
	组织设计	单位工程施工组织设计、施工组织总设计

二、建筑施工的发展

手工→机械、低多层→高层、传统→先进、计划→市场。

主要表现为：

1. 施工方法及工艺

(1) 深基坑开挖——降水与回灌、支撑支护、逆作法施工等；

(2) 现浇钢筋混凝土结构——大模、滑模、提模等；

(3) 装配式钢筋混凝土结构——升板升层、墙板、框架等；

(4) 钢结构——框架整体提升、网架吊装等；

(5) 粗钢筋的连接、预应力混凝土、混凝土真空吸水等。

2. 新材料的使用

(1) 钢材——高强、冷轧扭等；

(2) 混凝土——高性能混凝土、防水混凝土、外加剂、轻骨料等；

(3) 装饰材料——高档金属、薄型石材、复合材料、涂料等；

(4) 防水材料——改性沥青涂料及卷材、高分子卷材、涂膜、堵漏等；

3. 施工机械化

自动化搅拌站、混凝土输送泵、新型塔吊、钢筋机械连接、卷板成型、小型装饰机具等。

4. 现代技术

计算机、激光、自动控制、卫星定位（GPS）等。

5. 建筑工业化

（1）设计标准化、建筑体系化；

（2）构件生产专业化、专门化（工厂化）；

（3）现场施工机械化；

（4）组织管理科学化（Mis）等。

三、课程的特点，学习方法及要求

1. 特点（应用科学）

（1）综合性强：与许多专业课、专业基础课联系密切（工程测量、结构力学、建筑材料、房屋建筑学、土力学、地基基础、混凝土结构、砌体结构、钢结构、建筑机械、电工学），应注意知识间的联系；

（2）实践性强：来自实践又应用于实践，在实践中探索与创新。

2. 学习方法

（1）课堂教学、习题、课程设计等教学环节；

（2）参观、录像、学习课外资料，理论联系实际；

（3）经验：

理解为本——基础；

减薄好记——技巧；

重复巩固——功夫；

融会贯通——水平。

3. 要求

（1）了解各主要工种工程的施工工艺，具有分析处理施工技术问题的基本知识；

（2）初步掌握拟定施工方案及组织施工的基本方法；

（3）对施工学科的发展有一般了解，对现行的施工验收规范、质量标准有所了解；

（4）因知识容量大、讲授密度高，上课要精神集中，切勿迟到、旷课；

（5）按时、认真、独立完成作业。

四、教学环节、考核方法

课堂学习→课程设计→实习→毕业设计

（1）课程类型：必修（限选、任选），考试（考查）。

（2）成绩：平时（出勤、答疑质疑、作业、测验）占　％；

考试成绩占　％。

第一章 土方工程

第一节 概　　述

一、土方工程的分类、特点

1. 施工分类

主要：场地平整；坑、槽开挖；土方填筑。

辅助：施工排、降水；土壁支撑。

2. 施工特点

(1) 量大面广；

(2) 劳动强度大，人力施工效率低、工期长；

(3) 施工条件复杂，受地质、水文、气候影响大，不确定因素多。

3. 施工组织设计注意事项

(1) 摸清施工条件，选择合理的施工方案与机械；

(2) 合理调配土方，使总施工量最少；

(3) 合理组织机械施工，以发挥最高效率；

(4) 作好道路、排水、降水、土壁支撑等准备及辅助工作；

(5) 合理安排施工计划，避开冬、雨期施工；

(6) 制定合理可行的措施，保证工程质量和安全。

二、土的工程分类按开挖的难易程度分为八类：

一类土(松软土)、二类土(普通土)、三类土(坚土)、四类土(砂砾坚土)，用机械或人工可直接开挖；

五(软石)、六(次坚石)、七(坚石)、八(特坚石)，需爆破开挖。

三、土的工程性质

1. 土的可松性：自然状态下的土经开挖后，体积因松散而增加，以后虽经回填压实，仍不能恢复。

最初可松性系数 $K_S = V_2/V_1$　　　　　　$1.08 \sim 1.5$

最后可松性系数 $K'_S = V_3/V_1$　　　　　　$1.01 \sim 1.3$

用途：开挖、运输、存放，挖土回填，留回填松土。

2. 土的渗透性：土体被水透过的性质，用渗透系数 K 表示。

K 的单位：常用 m/d。

一般：黏土＜0.1，粗砂50～75，卵石100～200；

用途：降水方法，回填。

3. 土的密度：

天然重力密度 $\rho=16\sim20\text{kN/m}^3$

干重力密度 ρ_d——是检测填土密实程度的指标（105℃，烘干3～4h）。

4. 土的含水量：

天然含水量 $w=(G_{湿}-G_{干})/G_{干}$——开挖、行车、25%～30%陷车

最佳含水量——可使填土获得最大密实度的含水量（击实试验、手握经验确定）。

第二节 土方量计算与土方调配

一、基坑、基槽、路堤土方量

1. 基坑：按拟柱体

$$V=(F_1+4F_0+F_2)H/6$$

式中 F_1、F_2——基坑上下底面面积；

F_0——基坑中部面积；

H——基坑开挖深度。

2. 基槽土方量：沿长度方向分段计算 V_i，再 $V=\Sigma V_i$

断面尺寸不变的槽段：$V_i=F_iL_i$

断面尺寸变化的槽段：$V_i=(F_{i1}+4F_{i0}+F_{i2})L_i/6$

槽段长 L_i：外墙，取槽底中～中；内墙，取槽底净长。

二、场地平整土方量（方格网法）

(一) 确定设计标高

考虑的因素：(1) 满足生产工艺和运输的要求；

(2) 尽量利用地形，减少挖填方数量；

(3) 争取在场区内挖填平衡，降低运输费用；

(4) 有一定泄水坡度，满足排水要求。

场地设计标高一般在设计文件上规定，如无规定：

(1) 小型场地——挖填平衡法；

(2) 大型场地——最佳平面设计法（用最小二乘法，使挖填平衡且总土方量最小）。

1. 初步标高：

(1) 原则：挖填平衡；

(2) 方法：划分方格网，找出每个方格各个角点的地面标高

(实测法、等高线插入法);

(3) 初步标高: $H_0 = \Sigma(H_{11} + H_{12} + H_{21} + H_{22})/4N$

或 $H_0 = (\Sigma H_1 + 2\Sigma H_2 + 3\Sigma H_3 + 4\Sigma H_4)/4N$

式中 $H_{11}, \cdots, H_{22}$——任一方格的四个角点的标高(m);

N——方格网的格数(个);

H_1——一个方格共有的角点标高(m);

H_2——二个方格共有的角点标高(m);

H_3——三个方格共有的角点标高(m);

H_4——四个方格共有的角点标高(m)。

2. 场地设计标高的调整

按泄水坡度、土的可松性、就近借弃土等调整。按泄水坡度调整各角点设计标高(图 1-1):

(1) 单向排水时,各方格角点设计标高为:

$$H_n = H_0 \pm Li$$

(2) 双向排水时,各方格角点设计标高为:

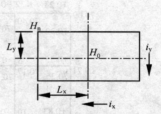

图 1-1 双向排水时角点标高调整

$$H_n = H_0 \pm L_x i_x \pm L_y i_y$$

【例】 某建筑场地方格网、地面标高如图 1-2,格边长 $a = 20\text{m}$。泄水坡度 $i_x = 2‰$,$i_y = 3‰$,不考虑土的可松性的影响,确定方格各角点的设计标高。

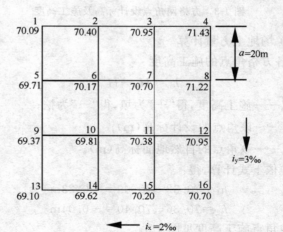

图 1-2 某场地方格网

【解】 (1) 初算设计标高

$$H_0 = (\Sigma H_1 + 2\Sigma H_2 + 3\Sigma H_3 + 4\Sigma H_4)/4N$$

= [70.09+71.43+69.10+70.70+2×(70.40+70.95
+69.71+…)+4×(70.17+70.70+69.81+70.38)]/(4×9)
= 70.29(m)

(2) 调整设计标高（图1-2）

$H_n = H_0 \pm L_x i_x \pm L_y i_y$

$H_1 = 70.29 - 30 \times 2‰ + 30 \times 3‰ = 70.32(m)$

$H_2 = 70.29 - 10 \times 2‰ + 30 \times 3‰ = 70.36(m)$

$H_4 = 70.29 + 10 \times 2‰ + 30 \times 3‰ = 70.40(m)$

其他见图1-3。

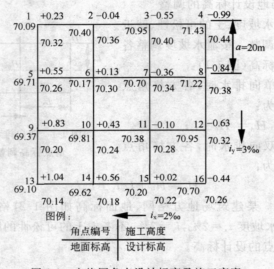

图1-3 方格网角点设计标高及施工高度

（二）场地土方量计算

1. 各方格角点的施工高度

$$h_n = H_n - H'_n$$

式中　h_n——施工高度,得"+"为填,得"−"为挖;
　　　H_n——该角点的设计标高(m);
　　　H'_n——该角点的自然地面标高(m)。

上题依上式计算,得:

$h_1 = 70.32 - 70.09 = +0.23m$

$h_2 = 70.36 - 70.40 = -0.04m$

其他角点施工高度见图1-3。

2. 确定零线(挖填分界线)

插入法、比例法。

3. 场地土方量的计算

各格挖方量、填方量→场地挖方总量、填方总量。

(1) 四角棱柱体法：

1) 全挖、全填格：$V_{挖(填)} = a^2(h_1+h_2+h_3+h_4)/4$

2) 部分挖、部分填格：$V_{挖(填)} = a^2[\Sigma h_{挖(填)}]^2/4\Sigma h$

式中　$\Sigma h_{挖(填)}$——方格角点挖或填施工高度绝对值之和；

　　　Σh——方格四个角点施工高度绝对值总和。

(2) 三角棱柱体法 （略）。

三、土方调配

土方调配是在施工区域内，挖方、填方或借、弃土的综合协调。

1. 要求

(1) 总运输量最小；

(2) 土方施工成本最低。

2. 步骤

(1) 找出零线，画出挖方区、填方区；

(2) 划分调配区注意：

1) 位置与建、构筑物协调，且考虑开工与施工顺序；

2) 大小满足主导施工机械的技术要求；

3) 与方格网协调，便于确定土方量；

4) 借、弃土区作为独立调配区。

调配区划分示例如图1-4。

(3) 找各挖、填方区间的平均运距(即土方重心间的距离)；

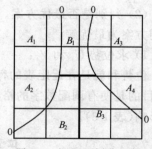

图1-4　调配区划分示例

(4) 列挖、填方平衡及运距表，见表1-1。

挖、填方平衡及运距表　　　　表1-1

挖＼填	B_1	B_2	B_3	挖方量(m^3)
A_1	50	70	100	500
A_2	70	40	90	500
A_3	60	110	70	500
A_4	80	100	40	400
填方量	800	600	500	1900

(5) 调配：

1) 方法：最小元素法——就近调配。

2) 顺序：先从运距小的开始，使其土方量最大。

调配结果见表1-2。

按最小元素法的土方调配表　　　表 1-2

		B_1	B_2	B_3	挖方量(m^3)
	填 挖				
m 行	A_1	500　50	70	100	500
	A_2	70	500　40	90	500
	A_3	300　60	100　110	100　70	500
	A_4	80	100	400　40	400
	填方量	800	600	500	1900

n 列

结论：所得运输量较小，但不一定是最优方案（总运输量 97000m^3·m）。

(6) 画出调配图（略）。

3. 调配方案的优化（线性规划中—表上作业法）

(1) 确定初步调配方案（如上）。要求：有几个独立方程土方量要填够几个格（即应填 $m+n-1$ 个格），不足时补"0"。

如：例中已填 6 个格，而 $m+n-1=3+4-1=6$，满足。

(2) 判别是否最优方案。用位势法求检验数 λ_{ij}，若所有 $\lambda_{ij} \geqslant 0$，则方案为最优解。

1) 求位势 U_i 和 V_j：

位势和就是在运距表的行或列中用运距（或单价）同时减去的数，目的是使有调配数字的格检验数为零，而对调配方案的选取没有影响（表 1-3）。

位 势 计 算 表　　　表 1-3

	填 挖	位势数	B_1	B_2	B_3
	位势数	V_j U_i	$V_1=50$	$V_2=100$	$V_3=60$
	A_1	$U_1=0$	500　50	70	100
	A_2	$U_2=-60$	70	500　40	90
	A_3	$U_3=10$	300　60	100　110	100　70
	A_4	$U_4=-20$	80	100	400　40

计算方法：平均运距（或单方费用）$C_{ij}=U_i+V_j$

设　$U_1=0$，

则　$V_1=C_{11}-U_1=50-0=50$；

　　$U_3=C_{31}-V_1=60-50=10$；

　　$V_2=110-10=100$；

……，见表 1-3。

2）求检验数 λ_{ij}（表 1-4）：

求 检 验 数　　　　　　表 1-4

填\挖	位势数	B_1	B_2	B_3
位势数	V_j \ U_i	$V_1=50$	$V_2=100$	$V_3=60$
A_1	$U_1=0$	0	−30　70	+40　100
A_2	$U_2=-60$	+80　70	0	+90　90
A_3	$U_3=10$	0	0	0
A_4	$U_4=-20$	+50　80	+20　100	0

$$\lambda_{ij}=C_{ij}-U_i-V_j$$
$$\lambda_{11}=50-0-50=0（有土方格的检验数必为零）$$

空格的检验数：

$$\lambda_{12}=70-0-100=-30$$
$$\lambda_{13}=100-0-60=40$$
$$\lambda_{21}=70-(-60)-50=80$$
$$\lambda_{23}=90-(-60)-60=90$$

……

本表中，λ_{12} 为"−"值，故初始方案不是最优方案，应对其进行调整。

（3）方案调整

1）调整方法——闭回路法；

2）调整顺序——从负值最大的格开始。

3）调整步骤：

① 找闭回路。沿水平或垂直方向前进，遇适当的有数字的格可转 90°弯，直至回到出发点（见表 1-5）。

找闭回路　　表 1-5

挖\填	B_1	B_2	B_3
A_1	500	← X_{12}	
A_2	↓	500	
A_3	300	→ 100	100
A_4			400

② 调整调配值：

从空格出发，在奇数次转角点的数字中，挑最小的土方数调到空格中。且将其他奇数次转角的土方数都减、偶数次转角的土方数都加这个土方量，以保持挖填平衡，见表 1-6。

③ 再求位势及检验数。

见表 1-7。

重复以上步骤，直到全部 $\lambda_{ij} \geq 0$，而得到最优方案解。

（4）绘出调配图

土方调配图见图 1-5。

方案调整表　　　　　　　　表1-6

挖＼填	B_1	B_2	B_3
A_1	(400) 500 ←	(100) 　　X_{12}	
A_2	↓	500	
A_3	300 → (400)	100 (0)	100
A_4			400

位势检验数计算表　　　　　　　　表1-7

挖＼位势数	位势数 U_i ＼ V_j	B_1 $V_1=50$	B_2 $V_2=70$	B_3 $V_3=60$
A_1	$U_1=0$	0　50	0　70	+40　100
A_2	$U_2=-30$	+50　70	0　40	+60　90
A_3	$U_3=10$	0　60	+30　110	0　70
A_4	$U_4=-20$	+50　80	+50　100	0　40

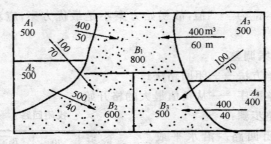

图1-5　土方调配图

(5) 最优方案的总运输量

$400×50+100×70+500×40+400×60+100×70+400×40$
$=94000 m^3·m$。

第三节　土方施工的辅助工作

一、降低地下水位

(一) 降水目的

1. 防止涌水、冒砂,保证在较干燥的状态下施工;
2. 防止滑坡、塌方、坑底隆起;

3. 减少坑壁支护结构的水平荷载。
(二) 流砂现象
1. 动水压力——地下水在渗流过程中受到土颗粒的阻力,水流对土颗粒产生的压力。

动水压力的大小与水力坡度成正比,方向同渗流方向。
$$G_D = I\gamma_w = (\Delta h/L)\gamma_w$$
式中 I——水力坡度;
　　γ_w——水的重力密度;
　　Δh——水头差;
　　L——渗流距离。

2. 流砂原因

动水压力大于或等于土的浸水重度($G_D \geqslant \gamma'$)时,土粒被水流带到基坑内。主要发生在细砂、粉砂、粉土、淤泥中。

3. 流砂的防治

(1) 减小动水压力(板桩等,增加 L);
(2) 平衡动水压力(抛石块、水下开挖、泥浆护壁);
(3) 改变动水压力的方向(井点降水)。

(三) 降排水方法

1. 集水井法(明排水法)——用于土质较好、水量不大、基坑可扩大情况下。

挖至地下水位时,挖排水沟→设集水井→抽水→再挖土、沟、井。

(1) 排水沟:沿坑底四周设置,底宽≮300mm,沟底低于坑底500mm,坡度1%。

(2) 集水井:坑底边角设置,间距20~40m,直径0.6~0.8m,井底低于坑底1~2m。

长期使用,需护壁和碎石压底。

(3) 水泵:离心泵、潜水泵、污水泵。

2. 井点降水法

(1) 特点:

效果明显,使土壁稳定、避免流砂、防止隆起、方便施工;
可能引起周围地面和建筑物沉降。

(2) 井点类型及适用范围:
井点类型及适用范围,见表1-8。

(四) 轻型井点降水

1. 降水原理(见演示图)
2. 井点设备

井点类型适用范围及主要原理 表 1-8

井点类型	土层渗透系数 (m/d)	降低水位深度 (m)	最大井距 (m)	主要原理
单级轻型井点	0.1～20	3～6	1.6～2	地上真空泵或喷射嘴真空吸水
多级轻型井点	0.1～20	6～20	1.6～2	地上真空泵或喷射嘴真空吸水
喷射井点	0.1～20	8～20	2～3	水下喷射嘴真空吸水
电渗井点	<0.1	5～6	极距1	钢筋阳极加速渗流
管井井点	20～200	3～5	20～50	单井真空泵、离心泵
深井井点	10～250	25～30	30～50	单井潜水泵排水
水平辐射井点	大面积降水		平管引水至大口井排出	
引渗井点	不透水层下有渗存水层		打透不透水层,引水至基底以下存水层	

1) 井管:$\phi 38$、$\phi 51$,长 5～7m(常用 6m),无缝钢管,丝扣连滤管;

2) 滤管:$\phi 38$、$\phi 51$,长 1～1.7m,开孔 $\phi 12$,开孔率 20%～25%,包滤网;

3) 总管:内 $\phi 127$ 无缝钢管,每节 4m,每隔 0.8、1 或 1.2m 有一短接口;

4) 抽水设备:① 真空泵——真空度较高,体形大、耗能多、构造复杂;

     ② 射流泵(常用)——简单、轻小、节能;

     ③ 隔膜泵(少用)。

3. 井点布置

(1) 平面布置

1) 单排:在沟槽上游一侧布置,每侧超出沟槽∡B(见演示图)。

  用于沟槽宽度 $B \leqslant 6m$,降水深度 $\leqslant 5m$。

2) 双排:在沟槽两侧布置,每侧超出沟槽∡B(见演示图)。

  用于沟槽宽度 $B > 6m$,或土质不良。

3) 环状:在坑槽四周布置(见演示图)。

  用于面积较大的基坑。

(2) 高程布置(见演示图)

井管埋深:$H_{埋} \geqslant H_1 + h + iL$。

式中 H_1——埋设面至坑底距离;

   h——降水后水位线至坑底最小距离(取 0.5～1m);

   i——地下水降落坡度,环状 1/10,线状 1/5;

   L——井管至基坑中心(环状)或另侧(线状)距离。

当 $H_{埋}>6m$ 时:降低埋设面;采用二级井点;改用其他井点。
4. 计算涌水量 Q(环状井点系统)
(1) 判断井型(见演示图)
1) 滤管与不透水层的关系:完整井——到不透水层
                        非完整井——未到不透水层
2) 是否承压水层:承压井
                无压井
(2) 无压完整井计算(积分解)
$$Q=1.366K(2H-S)S/(\lg R-\lg X_0) \quad (m^3/d)$$
式中 K——土层渗透系数(m/d);
H——含水层厚度(m);
S——水位降低值(m);
R——抽水影响半径(m),$R=1.95S(HK)^{1/2}$;
X_0——环状井点系统的假想半径(m);
当长宽比$(A/B)\not>5$时,$X_0=(F/\pi)^{1/2}$,否则分块计算涌水量再累加。
F——井点系统所包围的面积。
(3) 无压非完整井计算(近似解)
以有效影响深度 H_0 代替含水层厚度 H 用上式计算 Q。
H_0 的确定方法如下表 1-9。

无压非完整井抽水有效影响深度 表 1-9

$S'/(S'+l)$	0.2	0.3	0.5	0.8
H_0	$1.3(S'+l)$	$1.5(S'+l)$	$1.7(S'+l)$	$1.85(S'+l)$

若 $H_0>H$,则取 $H_0=H$ 计算。
(4) 承压完整井
$$Q=2.73KMS/(\lg R-\lg X_0) \quad (m^3/d)$$
式中 M——承压含水层厚度(m)。
5. 确定井管的数量与间距
(1) 单井出水量:$q=65\pi dlK^{1/3} \quad (m^3/d)$
式中 d、l——滤管直径、长度(m);
(2) 最少井管数:$n'=1.1Q/q$(根),1.1 为备用系数;
(3) 最大井距:$D'=L_{总管}/n'$ (m);

取井距 $D \begin{cases} \leqslant D' \\ >15d \\ 符合总管的接头间距 \end{cases}$

6. 井点管的埋设与使用

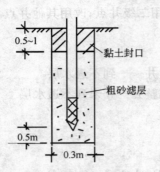

图 1-6 轻型井点埋设的构造要求

(1) 埋设方法：
1) 成井方法：
① 水冲法：水枪、井管自身（高压水）；
② 钻孔法：反循环钻、冲击钻；
③ 振动水冲法。
2) 埋设要求见图 1-6。
(2) 使用要求：
1) 开挖前 2～5d 开泵降水；
2) 连续抽水不间断，防止堵塞。
(3) 注意问题：
1) 真空度 0.06～0.07MPa；
2) 死管：检查、变活；
3) 设观测井检查水位下降情况。
(4) 拔除井管：基坑回填后；卷扬机、支架；$\phi 51 \times 6.5m$ 上拔力 1.2～1.8t。

二、边坡稳定

(一) 影响边坡稳定的因素

1. 边坡稳定的条件

土体的重力及外部荷载所产生的剪应力小于土体的抗剪强度。即：$T < C$，如图 1-7。

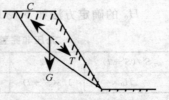

图 1-7 边坡稳定条件示意

式中 T——土体下滑力。下滑土体的分力，受坡上荷载、雨水、静水压力影响；

C——土体抗剪力。由土质决定，受气候、含水量及动水压力影响。

2. 确定边坡大小的因素

土质、开挖深度、开挖方法、留置时间、排水情况、坡上荷载（动、静、无）。

(二) 放坡与护面

1. 留直壁且不加支撑的允许开挖深度
1) 砂土和碎石土：1.00m；
2) 粉土及粉质黏土：1.25m；
3) 黏土和碎石土：1.50m；
4) 坚硬的黏土：2.0m。

2. 放边坡

(1) 边坡坡度 $i=\mathrm{tg}\alpha=H/B=1:(B/H)=1:m$,如图 1-8。

式中 m——坡度系数,$m=B/H$。

(2) 边坡形式:斜坡、折线坡、踏步(台阶)式。

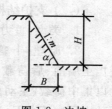

图 1-8 边坡坡度示意

(3) 最陡坡度规定:土质均、水位低、时间短、5m 深以内,见演示盘表格。

3. 边坡护面措施

覆盖法;挂网法;挂网抹面法;土袋、砌砖压坡法;喷射混凝土法;土钉墙。

三、支护结构

当地质条件和周围环境不允许放坡时使用。

(一) 选型

1. 横撑式支撑——适用于较窄且施工操作简单的管沟、基槽

(1) 水平衬板式(构造见演示图):

断续式——深度 3m 内;

连续式——深度 5m 内。

(2) 垂直衬板式:(构造见演示图)深度不限。

2. 护坡桩挡墙

(1) 类型

钢板桩;H 型钢桩;钻孔灌注桩;人工挖孔桩;深层搅拌水泥土桩;旋喷桩。

(2) 锚固形式

1) 悬臂式——底部嵌固于土中,用于基坑深度较小者;

2) 斜撑式——基坑内有支设位置;

3) 锚拉式——在滑坡面外设置锚桩;

4) 锚杆式——地面上有障碍或基坑深度大;

5) 水平支撑式——地面上下有障碍或土质较差等(对撑、角撑、桁架、圆形、拱形)。

3. 地下连续墙

(1) 作用:防渗、挡土,地下室外墙的一部分;

(2) 适用于:坑深大,土质差,地下水位高;邻近有建(构)筑物,采用逆作法施工;

(3) 工艺过程:作导槽→钻槽孔→放钢筋笼→水下灌注混凝土→基坑开挖与支撑。

(二) 支护结构计算

1. 类型：重力式、非重力式。
2. 原理：卜鲁姆理论——挡土墙前、后荷载呈线性变化，以集中荷载（主动土压力 E_a、被动土压力 E_{p1}、E_{p2}）代替；
3. 单锚挡墙的计算

(1) 类型：自由支撑（简支）、嵌固支撑；

(2) 常用方法：相当梁法（或称等值梁法）；

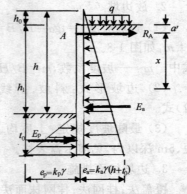

图 1-9 单锚挡墙受力简图

(3) 计算内容：

1) 挡墙承受的荷载（图 1-9）

非黏性土：

主动土压力：$E_a = [e_a(h+t_0)]/2 = [k_a\gamma(h+t_0)^2]/2$

被动土压力：$E_p = (e_p t_0)/2 = (k_p \gamma t_0^2)/2$

外荷载：用土的高度增加代替 $h_0 = q/\gamma$

土有黏聚力时：$e_a = k_a\gamma(h+t_0) - 2ck_a^{1/2}$

$$e_p = k_p\gamma t_0 + 2ck_p^{1/2}$$

式中　γ——土的平均密度；

　　　c——土的黏聚力；

　　k_a、k_p——主动、被动土压力系数。

2) 简支挡墙计算

① 求挡墙入土深度 t_0

由 $\Sigma M_A = 0$ 得：$E_a L[(h_1+t_0)2/3] - E_p L[h_1 + 2t_0/3]/K = 0$

式中忽略了 R_A 以上的弯矩；

K——安全系数，取 1.5~2；

L——桩的间距。

实际入土深度 $t = 1.1 \sim 1.2 t_0$。

② 求拉杆的拉力 R_A

由 $\Sigma X = 0$ 得：

$$R_A - E_a L + E_p L/K = 0$$

$$R_A = E_a L - E_p L/K$$

③ 求最大弯矩 M_{max}（等值梁法）

最大弯矩在剪力为"0"处，$R_A - \frac{1}{2}(x+a')^2 k_a\gamma L = 0$，求出 x

则：$M_{max} = R_A x - k_a\gamma x^2 L/6$

用等值梁法计算的弯矩值偏大,应乘折减系数 0.6～0.8。
④ 拉杆长度计算(略)

第四节 基坑的开挖

一、土方机械的类型
1. 挖掘机械[单斗(正铲、反铲、拉铲、抓铲),多斗];
2. 挖运机械(推土机、装载机、铲运机);
3. 运输机械(自卸汽车、翻斗车);
4. 密实机械(压路机、蛙式夯、振动夯)。

二、常见土方机械的特点、适用范围及作业方法
1. 推土机:
主要有液压式、索式;固定式、回转式
(1) 工作特点:用途多,费用低;
(2) 适用于:平整场地——运距在100m内、一～三类土的挖运,压实;
　　　　　　坑槽开挖——深度在1.5m内、一～三类土。
(3) 作业方法:下坡推土,多次切土、一次推运;跨铲法,并列法,加挡板。

2. 铲运机:
主要有自行式、拖式。
(1) 工作特点:运土效率高;
(2) 适用于:运距 60～800m、一～二类土的大型场地平整或大型基坑开挖;堤坝、道路填筑等;
(3) 作业方法:环形线路,"8"字线路;助推法。

3. 正铲挖土机:
主要有 W_1-50、W_1-100、W_1-200 万能机,WY-100,WY-160
(1) 工作特点:"前进向上,强制切土";挖土、装车效率高,易与汽车配合。
(2) 适用于:停机面以上、含水量 30% 以下、一～四类土的大型基坑开挖。
(3) 作业方法:正向挖土,后方卸土;正向挖土,侧向卸土。

4. 反铲挖土机:
(1) 工作特点:"后退向下,强制切土",较易与汽车配合;
(2) 适用于:停机面以下、一～三类土的基坑、基槽、管沟开挖。
(3) 作业方法:沟端开挖——挖宽 0.7～1.7R,效率高、稳定

性好；

沟侧开挖——挖宽 $0.5\sim0.8R$。

5. 拉铲挖土机：

（1）工作特点："后退向下，自重切土"；开挖深度、宽度大，甩土方便；

（2）适用于：停机面以下、一～二类土的较大基坑开挖，填筑堤坝，河道清淤。

6. 抓铲挖土机：

（1）工作特点："直上直下，自重切土"，效率较低；

（2）适用于：停机面以下、一～二类土的面积小而深度较大的坑、井开挖。

三、自卸汽车与挖土机的配套

（1）原则：保证挖土机连续工作；

（2）汽车载重量：以装 $3\sim5$ 斗土为宜；

（3）汽车数量：$N=$ 汽车每一工作循环的延续时间 $T/$ 每次装车时间 t，或 $N=($挖土机台班产量 $P_{挖}/$汽车台班产量 $P_{汽})+1$。

四、开挖方式与注意问题

1. 基坑开挖方式

（1）下坡分层开挖——$1:7\sim8$ 的坡道；

（2）墩式开挖——用于无修坡道的场地，搭设栈桥时；

（3）盆式开挖——用于逆作法施工。

2. 开挖注意问题

（1）挖前先验线。

（2）连续开挖尽快完，防止水流入。

（3）坑边堆土防坍塌，及时清运：堆土 $0.8m$ 以外，高 $\geqslant 1.5m$。

（4）严禁扰动基底土，加强测量防超挖：预留层，保护层，抄平清底打木桩。

（5）发现文物、古墓停挖，上报，待处理。

（6）注意安全，雨后复工先检查。

第五节　土方的填筑与压实

一、土料选择和填筑方法

1. 土料选择

（1）不能用的土：冻土、淤泥、膨胀性土、有机物 $\geqslant 8\%$ 的土、可溶性硫酸盐 $>5\%$ 的土。

（2）不宜用的土：含水量大的黏性土。

2. 填筑方法

(1) 水平分层填土。填一层,压实一层,检查一层。

(2) 无限制的斜坡填土先切出台阶,高×宽=0.2~0.3m×1m。

(3) 透水性不同的土不得混杂乱填,应将透水性好的填在下部(防止水囊)。

二、压实方法与要求

1. 压实方法:

(1) 碾压法——大面积填筑工程。滚轮压力。压路机、平碾、羊足碾。

(2) 夯实法——小面积填筑工程。冲击力。蛙式夯、柴油夯、人工夯。

(3) 振动法——非黏性土填筑。颗粒失重、排列填充。振动夯、平板振动器。

2. 影响压实质量的因素:

(1) 机械的压实功(吨位、冲击力与压实遍数);

(2) 铺土厚度——不同机械有效影响深度不同;

(3) 含水量——小则不粘结、摩阻大,大则橡皮土;应为最佳含水量。

3. 要求:

(1) 每层铺土厚度与压实遍数,见表1-10。

铺土厚度及压实遍数　　表1-10

压实机具	每层虚铺厚度(mm)	压实遍数
压路机、平碾	200~300	6~8
羊足碾	200~350	8~16
振动夯	250~350	3~4
蛙式夯	200~250	3~4
人工夯	<200	3~4

(2) 含水量调整与橡皮土处理。

1) 过大——翻松、晾晒、掺入干土或石灰;

2) 过小——洒水湿润、增加压实功;

3) 橡皮土——彻底清除,轻压薄铺。

三、压实质量检查

1. 内容(密实度):

(1) 指标——干密度 γ_d;

(2) 方法——环刀取样,测干密度。

2. 要求:$\gamma_d \geq D_y \gamma_{dmax}$

第一章 土方工程

式中 D_y——压实系数(一般场地平整 0.9,填土作地基 0.95);

γ_{dmax}——该种土质的最大干密度(击实试验确定)。

3. 取样:

(1)数量:分层进行,按面积(平场 100~400m²,回填 30~100m²,垫层 20~50m²)每层不少于 1 点;

(2)位置:该层下半部。

第二章 深基础工程

第一节 概　　述

一、深基础的类型

桩基础、墩基础、沉井基础、沉箱基础、地下连续墙。

二、桩基础组成与种类

1. 组成

若干根桩，承台（或承台梁）。

2. 种类

(1) 按受力性质分：摩擦桩；端承桩；抗拔桩；

(2) 按制作方法分：

预制桩——按沉桩方法分：打入法；水冲法；振动法；静力压桩法；旋入法；

灌注桩——按成孔方法分：钻孔法；沉管法；爆扩法；人工挖孔法；

(3) 按材料分：木、钢、混凝土、钢筋混凝土、钢管混凝土；

(4) 按形状分：方、圆、多边、管。

第二节　钢筋混凝土预制打入桩的施工

一、预制桩的制作、运输和堆放

1. 制作

应由工厂加工。

(1) 叠制≯4层，注意上下隔离，下层混凝土强度达30％后再浇筑上层桩；

(2) 钢筋接长用对焊，接头错开；

(3) 混凝土由顶至尖连续浇筑，注意养护与保护；

(4) 预应力管桩离心成型，直径400～500mm，壁厚80～100mm，节长8～10m，混凝土强度等级C60。

2. 运输

(1) 混凝土强度：

起吊移位——≮70%设计强度；

运输、起吊就位——≮100%设计强度。

(2) 吊点：(正负弯矩相同则均小)：

一点吊——距顶 $0.31L(L=5\sim10\text{m})$，$0.29L(L=11\sim16\text{m})$；

两点吊——距顶、距尖 $0.207L$。

(3) 吊、运平稳，避免损坏，最好一次就位。

3. 堆放

高度不超过四层；

地面坚实、平整，垫长枕木；

支承点在吊点位置，垫木上下对齐。

二、打桩设备(桩锤、桩架、动力装置)

1. 桩锤

(1) 作用：对桩施加冲击力。

(2) 类型与特点：

常用桩锤类型及适用范围见表 2-1。

桩锤类型及适用条件　　　　　表 2-1

类　　型		冲击部分重量(t)	冲击频率(次/min)	适 用 条 件
落　　锤		0.5～1.5	6～20	细长桩，粘土、砾石
蒸汽锤	单　动	3～10	25～30	各 种 桩
	双　动	0.6～6	100～200	打各种桩、拔桩
柴 油 锤		0.12～6	40～80	桩、土适中
液 压 锤				水下打桩等

(3) 型号选择：

1) 冲击能：$E \geq 0.025P$。

式中　P——桩的承载力。

2) 适用系数：$K=(M+C)/E_{选}$。

式中　M——锤总重；

　　　C——桩重；

　　　K——系数(双汽、柴：$K\leq5$；单汽：$K\leq3.5$；落：$K\leq2$)。

3) 合宜系数：$M/C=1\sim2$。

2. 桩架

作用：悬吊桩锤；吊桩就位；打桩导向。

常用形式：多功能桩架；履带式桩架；步履式桩架。

3. 动力装置

卷扬机、蒸汽锅炉等。

三、打桩施工

(一) 准备工作

1. 场地准备:清除地上、地下障碍物,平整、压实场地,设置排水沟;
2. 放轴线、定桩位、设置水准点≮2个;
3. 确定打桩顺序:

(1) 当桩距<4倍桩径(或断面边长)时,可以:

1) 自中间向两侧对称打;
2) 自中间向四周环绕或放射打;
3) 分段对称打。

(2) 当桩距≥4倍桩径(边长)时,可不考虑土被挤密的影响,按施工方便的顺序打。

(3) 规格不同,先大后小。

(4) 标高不同,先深后浅。

4. 进行打桩试验:≮2根,检验工艺、设备是否符合要求。

(二) 打桩工艺

1. 工艺顺序:

设置标尺→桩架就位→吊桩就位→扣桩帽、落锤、脱吊钩→轻打→正式打(接桩,截桩,静、动载试验)→承台施工。

2. 要点:

(1) 采用重锤低击,开始要轻打;

(2) 注意贯入度变化,做好打桩记录(编号、每米锤击数、桩顶标高、最后贯入度);

(3) 如遇异常情况,暂停施打,与有关单位研究处理。

1) 贯入度剧变;
2) 桩身突然倾斜、位移、回弹;
3) 桩身严重裂缝或桩顶破碎。

(三) 质量要求

1. 桩的最后贯入度和沉入标高满足设计要求:

1) 端承桩——控制最后贯入度为主,标高为参考;
2) 摩擦桩——控制设计桩尖标高为主,贯入度为参考。

2. 偏差在允许范围内:

(1) 平面位置:1) 排桩——≯10~15cm;
      2) 群桩——≯1/3~1/2倍桩径或边长;

(2) 垂直度:≯1%。

3. 桩顶及桩身不破坏。

第二章 深基础工程

第三节 灌注桩施工

一、钻孔灌注桩

特点:施工无振动、无噪音,但承载力低、沉降量大。

(一)干作业法(用于无地下水或已降水)

1. 成孔机械

(1) 螺旋钻 1) 长:钻杆长10m以上,$\phi 400\sim 600$;
　　　　　　2) 短:钻杆长$3\sim 5$m,$\phi 300\sim 400$。

(2) 钻扩机:钻孔径$800\sim 1200$mm,扩孔径可达3m以上。

2. 施工

工艺顺序:平整场地→挖排水沟→定桩位→钻机就位、校垂直→开钻出土→清孔→检查垂直度及虚土情况→放钢筋骨架→浇混凝土。

3. 施工要点

1) 土质差、有振动、间距小时,间隔钻孔制作;

2) 及时灌注混凝土,防止孔壁坍塌;

3) 浇混凝土时放护筒,混凝土坍落度$5\sim 9$cm,每层浇筑高度$\geqslant 1.5$m。

4. 质量要求

1) 偏差要求:位置偏差:$\geqslant 70$或150mm;垂直度偏差$\geqslant 1\%$。

2) 孔底虚土厚度:端承桩$\geqslant 50$mm;摩擦桩$\geqslant 150$mm。

3) 避免出现缩径和断桩。

(二)泥浆护壁法(用于有地下水)

1. 成孔机械

(1) 冲抓钻、冲击钻,用于碎石土、砂土、黏性土、风化岩;

(2) 潜水电钻、回转钻(反循环、正循环),用于黏性土、淤泥、砂土。

2. 施工

(1) 工艺顺序:平整场地→挖排水沟→定桩位→埋护筒→配泥浆→钻孔→灌泥浆→清孔→放钢筋骨架→水下灌注混凝土。

(2) 要点:

1) 护筒直径比钻头大100mm,开设$1\sim 2$个溢浆口,埋入土中$\leqslant 1$m;

2) 泥浆相对密度1.1左右(黏土时可自造),随钻随灌,保持高于水位面;

3) 水下灌注要求：

① 混凝土≮C20，坍落度 16～22cm，骨料粒径≮30mm；

② 导管最大外径比钢筋笼内径小 100mm 以上；

③ 钢筋的混凝土保护层厚度≮50mm（混凝土垫块）；

④ 第一次下料需将导管口埋入 500～600mm；

⑤ 提管时保证混凝土能埋管≮1m。

二、沉管灌注桩

(1) 特点：能在土质很差，地下水位很高时施工。

(2) 施工方法：锤击沉入钢管法；振动沉入钢管法。

(3) 工艺顺序：桩靴、钢管就位→沉管→检查管内有无砂、水→放入钢筋骨架→浇灌混凝土、提管。

(4) 提高桩承载力的方法。

1) 锤击沉管灌注桩：

① 单打法——打入钢管后，插入钢筋笼，灌满混凝土，轻击并提管；

② 复打法——单打时不放钢筋笼，混凝土初凝前原位打入、插筋灌注。

2) 振动沉管灌注桩：

① 单振法——灌满混凝土后，每原位振动 5～10s，再上拔 0.5～1m；

② 复振法——同复打法；

③ 反插法——单振法拔管时，每上拔 0.5～1m，向下反插 0.3～0.5m。

(5) 要点：

1) 防止钢管内进入泥浆、水；

2) 灌满混凝土后再随拔管、随灌、并轻打或振动；

3) 桩的中心距小于 5 倍管径或 2m 时，均应跳打。混凝土达 50%后再补打；

4) 防止缩径、断桩及吊脚桩。

第四节　其他深基础施工

一、地下连续墙

(1) 用途：深基坑的支护结构；建筑物的深基础。

(2) 特点：刚度大，即挡土又挡水，可用于任何土质，施工无振动、噪音低；成本高，施工技术复杂，需专用设备，泥浆多、污染大。

(3) 施工工艺：导墙施工→槽段开挖→清孔→插入接头管和

钢筋笼→水下浇筑混凝土→(初凝后)拔出接头管。

（4）支承及与基础底板、结构墙体的连接,参见《高层建筑施工》。

二、墩基础

（1）特点：一柱一墩，强度、刚度大，多为人工挖孔，直径1~5m。

（2）施工工艺：护壁挖孔→扩底→放入钢筋笼→浇筑混凝土。

三、沉井基础

（1）用途：重型设备基础；桥墩；取水结构；超高层建筑物基础。

（2）施工工艺：制作安放刃脚→分节浇筑沉井和开挖下沉→井内混凝土施工。

（3）主要方法：一次下沉；分节下沉。

第三章 砌体工程

第一节 概 述

1. 砌体工程——砖、石、砌块的砌筑。
2. 砌体工程的特点——取材方便,施工简单,成本低廉,历史悠久;劳动量及运输量大,生产效率低,浪费土地。

第二节 砌体工程的准备工作

一、材料准备
(一) 砂浆
1. 种类:
(1) 石灰砂浆;
(2) 水泥砂浆;
(3) 混合砂浆(水泥砂浆中掺入无机或有机塑化剂)。
2. 要求:
(1) 原材料合格:① 水泥不过期,不混用;
　　　　　　　　② 生石灰块熟化≮7d;
　　　　　　　　③ 磨细生石灰粉熟化≮2d,禁用脱水硬化的石灰膏;
　　　　　　　　④ 洁净中砂,≥M5 时含泥量≯5%,<M5 时,≯10%;
　　　　　　　　⑤ 水洁净,不含有害物。
(2) 种类及强度等级:符合设计要求;
(3) 稠度适中:① 实心墙、柱,7~10cm;
　　　　　　② 空心墙、柱,拱、过梁,5~7cm。
(4) 和易性、保水性好(适当掺入塑化剂);
(5) 配比准确,搅拌均匀:水泥、有机塑化剂、氯盐±2%,其他5%;搅拌时间≮2min,掺塑化剂≮3min。
(6) 限制使用时间:水泥砂浆拌后 2~3h 内用完;
　　　　　　　　水泥混合砂浆 3~4h 内用完(气温高于

30℃时均取低限)。

(二) 骨架材料

1. 砖：

(1) 烧结普通砖。强度等级、尺寸、外观验收；

使用前1～2d浇水(含水率10%～15%)。

(2) 灰砂砖、粉煤灰砖砌前可不浇水(含水率8%～12%)。

(3) 烧结多孔砖。砌前浇水。

(4) 烧结空心砖。砌前浇水。

2. 石材：(1) 料石。经加工，外观规矩，尺寸均≥200mm；

(2) 毛石。未经加工，厚≤150mm，体积≤0.01m³。

3. 砌块：普通混凝土空心砌块、多孔混凝土砌块、其他硅酸盐砌块等。

二、搭设砌筑用脚手架

1. 类型：

(1) 按搭设位置分为外脚手、里脚手；

(2) 按用途，分为结构用、装修用、支撑用；

(3) 按材料，分为木、竹、金属；

(4) 按构造形式，分为多立杆式、门型框式、桥式、吊篮式、悬挂式、挑架式、工具式(常作操作平台)。

2. 基本要求：

(1) 宽度及步高满足使用要求：

1) 宽度，只堆料和操作，1～1.5m；还需作运输用，2m以上；

2) 步高，一般1.2～1.4m，符合可砌高度，且每层整步数。

(2) 有足够的强度、刚度和稳定性：

1) 材料合格；

2) 构造符合规定，连接牢固，$H>18m$需有计算设计；

3) 与建筑物连接；

4) 用前、用中检查；

5) 控制使用荷载：均布荷载≯270kg/m²，集中荷载≯150kg。

(3) 搭拆简便，能多次周转。

(4) 选材用料经济合理。

(一) 外脚手(钢管扣件式)

1. 材料：

(1) 钢管：外径$\phi 48 \times 3.5$厚，$\phi 57 \times 3$；

长：小横杆1.5～2.3m，其他4m、6m。

(2) 扣件：对接扣件，直角扣件，回转扣件；

材料：铸铁，钢板压制。

(3) 底座:铸铁,或钢板、管焊接。
2. 搭设构造与要求(见演示图):
(1) 立杆:① 间距,横向 1.2～1.5m,纵向 1.5～2m;
　　　　　② 地基,夯实并垫板、块,排水好;
　　　　　③ 接头,相邻杆接头不在同步,对正,垂直。
(2) 大横杆:① 步距 1.2～1.4m,每层整步数;
　　　　　② 相邻者接头不在同跨。
(3) 小横杆:① 扣件距管端头≮100mm;
　　　　　② 非操作层,每节点一根;
　　　　　③ 操作层,单排架:入墙≮240mm,间距 0.67m;
　　　　　　　双排架:挑向墙面 400～500mm,端距
　　　　　　　　　　墙面 50～150mm,间距 1m。
(4) 剪刀撑(十字盖):① 两端的双跨内设置(外侧);
　　　　　　　　② 间距≯30m;与地面成 45°;
　　　　　　　　③ 连点距立、横杆节点≯200mm,下连
　　　　　　　　　点距地≯500mm;
　　　　　　　　④ 外杆可与小横杆连接。
(5) 抛撑:① 架高>3m 并≤7m 时设置;
　　　　　② 间距 5～7 根立杆设一根;
　　　　　③ 与地面成 60°夹角。
(6) 连墙杆:总架高>7m 时设置;每三步五跨设一根(全部拆架前不得拆除);
　　　　　方法:a. 埋铁丝或 ϕ6 筋,拉立杆,小横杆顶墙;
　　　　　　　b. 小横杆入墙,内外夹住;
　　　　　　　c. 洞口设夹杆,与小横杆相连。
(7) 栏杆:高度≮1.2m,挂立网。
(8) 脚手板:
1) 材料① 木板,厚 50mm,宽 200～250mm,长 3～6m;
　　　② 钢制板,2mm 厚钢板冷压冲孔,肋高 50mm,宽
　　　　 230mm,长 2.3～4m。
2) 铺设① 对接时,两小横杆间距 200～250mm;
　　　② 搭接时,伸过小横杆≮150mm,顺重车行走方向。
(9) 挡脚板:脚手板外边立放,高度≮180mm。
(二) 里脚手架
常采用工具式:门式、支柱式、折叠式,搭设间距均≯2m;
　　　　　　　或组合式操作平台,立杆下加通长垫板,楼板
　　　　　　　下加支撑。

(三) 悬吊式

挑架（挑梁）的（稳定力矩/倾覆力矩≥3），各杆件均需计算。

(四) 挑架式

采用的三角支撑架或型钢横梁，需经计算确定。

(五) 砌筑工程脚手架方案：

1. 里、外架：用于清水墙、混水墙砌筑及装饰；
2. 全部里架子：用于混水墙，外侧支卧网，装饰用吊篮。

三、砌体工程的材料运输（垂直）

1. 人力运输：
(1) 单层用附脚手架的倒料平台；
(2) 多层用上料斜道（马道）。
2. 井架、门架升降机：一般 $H \geqslant 30m$。
(1) 井架：
1) 构造：立柱、横杆、剪刀撑、缆风绳、天轮梁、导轨、吊盘、卷扬机、绳索；
2) 起吊能力：四柱（0.5t）、六柱（1.0t）、八柱（1～1.2t）；
3) 缆风绳：15m 以下一道，以上每 7～8m 增设一道，每道 4 根，与地面呈 30°～45°。
(2) 门架：
1) 构造：格构式立柱、缆风绳、天轮梁、导轨、吊盘、卷扬机、绳索；
2) 起吊能力：单笼、双笼（0.5～1t）；
3) 缆风绳：12m 以下一道，以上每 5～6m 增设一道。
(3) 卷扬机：常用 0.5～1.5t，手制动、电磁制动，快速、慢速；安装要求：见"结构吊装工程"。
3. 施工电梯（附壁式升降机）：H 可高达 150m。
4. 塔吊：轻型轨道式，如 QT_1-2 型（住宅）、QT40 型（办公楼、教学楼、门诊楼等）等。

第三节 砌 筑 施 工

一、砖砌体施工

(一) 砖墙砌筑工艺

1. 抄平：在防潮层或楼面上用水泥砂浆或 C10 细石混凝土按标高垫平。
2. 放线：
(1) 按龙门板或外引桩在基础表面弹墙轴线、边线、门窗洞口线。

(2) 按墙上标志或外引桩在各层板上弹墙轴线、边线、门窗洞口线。

3. 排砖摆底(一顺一丁)：

(1) 目的：

搭接错缝合理；灰缝均匀；减少打砖。

(2) 要求(清水墙)：

① 不许有小于丁头的砖块；

② 门窗口两侧排砖一致；

③ 窗口上下、各楼层从下至上排法不变(不随意变活)；

④ 不游丁走缝，上下灰缝一致对准。

(3) 原则：

① 口角处顺砖顶七分头，丁砖排到头；

② 条砖出现半块时，用丁砖夹在墙面中间(最好在窗口上下墙的中间)；

③ 条砖出现 1/4 砖时，条行用一块丁砖加一块七分头代替 1.25 块条砖，排在中间，丁行也加七分头与之呼应；

④ 门窗洞口位置可移动≯60mm。

(4) 计算：

① 墙面排砖：(长为 L mm，一个立缝宽初按 10mm)

丁行砖数　　　　$n=(L+10)/125$

条行整砖数　　　$N=(L-365)/250$

② 门窗洞口上下排砖：(洞宽 B)

丁行砖数　　　　$n=(B-10)/125$

条行整砖数　　　$N=(B-135)/250$

③ 计算立缝宽度：应在 8~12mm 之内。

4. 立皮数杆：

(1) 皮数杆。画有洞口标高、砖行、灰缝厚、插铁埋件、过梁、楼板位置的木杆。

(2) 绘制要求。

1) 灰缝厚 8~12mm，冬期 8~10mm；

2) 每层楼为整数行，各道墙一致；

3) 楼板下、梁垫下用丁砖。

(3) 竖立。

1) 先抄平再竖立；

2) 立于外墙转角处及内外墙交界处；

3) 间隔 10~12m；牢固。

5. 立墙角、挂线砌筑：先砌墙角，以便挂线，砌墙身。

第三章 砌体工程

(1) 立角:高度≥5皮,留踏步槎,依据皮数杆,勤吊勤靠。
(2) 挂线:(控制墙面平整垂直)
1) 120、240墙单面挂线,厚墙双面挂线;
2) 墙体较长,中间设支线点。
(3) 砖墙砌筑要点:
1) 清水墙面要选砖(边角整齐、颜色均匀、规格一致);
2) 采用"三一"砌法;
3) 构造柱旁"五退五进"留马牙口;
4) 每日砌筑高度:常温≤1.8m,冬期≤1.2m;
5) 两个流水段间高差≤一个层高或4m(抗震者≤一步架高);
6) 及时安放钢筋、埋件、木砖。
固定门窗木砖要求:
① 做防腐处理、小头朝外、年轮不朝外;
② 每侧数量:按洞高≤1.2m,2个;1.2~2m,3个;2~3m,4个;
③ 位置:门洞,上三下四中间均分;窗洞,上三下三中间均分。
7) 各种洞口、管道(水暖电、支模、脚手用)要预留或预埋,不得打凿或开水平沟槽。
不得留设脚手眼处:
① 空斗墙、120墙、独立砖柱;
② 过梁上60°三角形内及过梁净跨的1/2高度范围内;
③ 宽度<1m的窗间墙;
④ 门窗洞两侧200mm转角处450mm范围内;
⑤ 梁或梁垫下及其左右500mm范围内。
8) 自由高度在允许范围内(否则遇大风需加设支撑)。
9) 随砌随划缝或清扫墙面。
① 清水墙:随砌随划缝,缝深10mm,以便勾缝;
② 混水墙:随砌随清扫墙面,防止舌头灰影响抹灰。
6. 安过梁及梁垫:按标高座浆安装;型号及放置方向正确,位置准确。
7. 勾缝:1:1.5水泥砂浆,4~5mm厚。
(二) 质量要求
1. 灰缝横平竖直、砂浆饱满:
(1) 饱满度,水平缝≮80%;
(2) 检查:百网格,三块砖平均值;
(3) 影响饱满度因素:砖含水率(浇水否);砂浆和易性;操作

方法。

2. 墙体垂直、墙面平整:垂直度≯5mm,平整度5~8mm,用2m靠尺、楔形塞尺检查。

3. 上下错缝、内外搭砌。

4. 留槎合理、接槎可靠。

(1) 转角处及交接处应同时砌筑;

(2) 留斜槎:长度≮2/3高度,抗震者加拉结筋;

(3) 留直槎:(非抗震设防或设防烈度为6、7度地区可用)留凸直槎且加拉结钢筋,要求:

1) 每500mm高一道,每道至少2根、每120墙厚一根;

2) 直径 φ6,端部90°弯钩;

3) 每端压入≮500mm,设防烈度为6、7度的地区≮1000mm。

二、中小型砌块墙的施工

(一) 砌筑要求

1. 砌前先绘制排列图:

尽量用主规格砌块,少镶砖。

2. 错缝搭砌:

搭接长度≮1/3块高,且中型砌块≮150mm、小型≮90mm;不足者设网片筋。

3. 灰缝厚度:

水平灰缝厚8~20mm,加筋时20~25mm。立缝宽15~20mm。(小砌块灰缝同砖砌体)

4. 空心砌块:

应扣砌,对孔错缝;芯柱处砌块剔除洞底毛边;壁肋劈裂者不得使用。

5. 补缝要求:

缝宽＞30mm 填C20豆石混凝土,＞150mm 镶砖。

6. 砂浆饱满度:

水平缝≮90%;竖缝≮80%。

7. 浇灌芯柱:

砌筑砂浆强度＞1MPa后进行,清理、冲洗、垫浆、浇筑。

(二) 砌筑施工

1. 中型砌块机械吊装:常用台灵架。

2. 用铺灰砌法砌筑。

工艺:

铺灰(长≮3~5m)→吊装就位→校正→灌缝、镶砖。

三、填充墙施工

要求：

(1) 底部砌烧结普通砖或多孔砖，高度不少于200mm；

(2) 拉结筋与结构连接，每1.2～1.5m，设≮60mm厚现浇钢筋混凝土带；

(3) 砂浆饱满度：垂直、水平灰缝均≮80％；

(4) 梁板下斜砌小砖顶牢(墙体沉实7d后)；

(5) 洞口边或阳角处应设置构造柱或专用砌块。

第四节 冬 期 施 工

一、条件

当预计室外日平均气温连续5d稳定低于5℃，砌筑应采取冬施措施。

二、要求

(1) 块体不浇或少浇水，加大砂浆稠度；

(2) 石灰膏不受冻，块体不遭水浸冻，砂中无冰块和大于10mm冻块；

(3) 适当减小灰缝厚度(如砖墙8～10mm)。

三、方法

1. 抗冻砂浆法(常用)

(1) 要点：

1) 砂浆掺$NaCl$、$CaCl_2$盐或亚硝酸钠等；

2) 用两次投料法热拌砂浆：① 气温－5℃，砂浆≮10℃；
　　　　　　　　　　　　　②气温－10℃，砂浆≮15℃；

3) 砌后覆盖。

(2) 缺点：掺盐砂浆易吸湿、析盐、锈蚀钢筋。

(3) 不得用于：高温高湿、绝缘要求、水位变化、高级装饰等工程。

2. 冻结法(少用)

热砂浆砌筑，注意解冻期观测和加固。

3. 暖棚法(少用)

材料及砌筑环境均高于5℃，并在5℃以上养护3～6d。

第四章　钢筋混凝土工程

第一节　概　述

1. 钢筋混凝土工程：包括钢筋工程、模板工程、混凝土工程。
2. 工艺过程，见图 4-1。

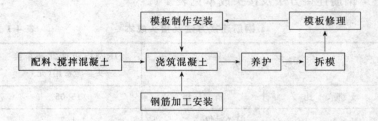

图 4-1　钢筋混凝土工程的主要工艺流程

3. 结构施工方法：现浇、预制安装。
4. 特点：(1) 多工种合作，需密切配合。
   (2) 材料品种、规格多，地方材料用量大，需严格检验、试验和管理。
   (3) 需必要的间隙。

第二节　钢　筋　工　程

一、概述

1. 钢筋的种类：
(1) 按粗细分：1) 钢筋（直径≥6mm）；细筋 φ6～10（盘条）；粗筋≥φ12（直条，对折）。
    2) 钢丝（直径<6mm），刻痕钢丝或碳素钢丝，均为盘条。
(2) 按强度，热轧钢筋分四级。
(3) 按外形分：光圆、变形。
2. 钢筋的性质（与施工有关的）：
(1) 变形硬化。可通过冷加工，提高强度，扩大使用范围。

(2) 松弛：在高应力状态下，长度不变，应力减小。预应力施工需特别注意。

(3) 可焊性。强度、硬度越高，可焊性越差。

3. 钢筋的加工：主要流程见图 4-2。

图 4-2 钢筋加工的主要工艺流程

4. 钢筋的连接方法：

钢筋连接方法及接头成本见表 4-1。

钢筋连接方法及接头成本　　表 4-1

方　法		HRB335 级 Φ25 单个接头参考费用(元)
绑　扎	搭　接	15.05
焊　接	闪光对焊	1.3
	电弧焊	7.10
	电阻点焊	
	电渣压力焊	1.65
	埋弧电渣压力焊	1.50
	气压焊	3.20
机械连接	套筒挤压（径向、轴向）	15.00
	锥螺纹、直螺纹	13.00

二、钢筋冷加工（冷拉、冷拔、冷轧、冷轧扭）

（一）冷拉

1. 目的：(1) 提高屈服强度 15%～30%；

(2) 节约材料（强度提高、塑性变形）。

2. 冷拉控制：

(1) 控制参数：1) 冷拉应力　$\sigma = T/A$；

2) 冷拉率　$\delta = [(L_2 - L_1)/L_1] \times 100\%$

(2) 控制方法见表 4-2。

1) 应力控制法（双控）：质量高，常用于制作预应力筋

钢筋冷拉的控制参数   表 4-2

钢筋等级	应力控制法		冷拉率控制法
	冷拉控制应力(MPa)	最大冷拉率(%)	测试δ用冷拉应力(MPa)
HPB235	280	10	320
HRB335	450,430	5.5	480,460
HRB400	500	5	530

2) 冷拉率控制法（单控）：施工效率高，设备简单。

冷拉率δ由试验确定（同炉批取试件≮4个，取平均值）。

3. 冷拉设备（有液压设备及卷扬机滑轮组两类）：

(1) 卷扬机、滑轮组的冷拉能力：

$$Q = \frac{S}{K'} - F \quad (kN)$$

式中 S——卷扬机拉力(kN)；

F——设备阻力(kN)，一般 5~10kN；

K'——滑轮组的省力系数。

$$K' = \frac{f^{n-1}(f-1)}{f^n - 1}$$

式中 f——单个滑轮阻力系数（青铜轴套为 1.04）；

n——滑轮组的工作线数。

(2) 选 Q 时应提高到实际所需拉力的 1.2~1.5 倍。

(3) 钢筋的冷拉速度：

$$v = \frac{\pi D r}{n} \quad (m/min) \quad (宜\ 0.5\sim1m/min)$$

式中 D——卷筒直径(m)；

r——卷筒转速(r/min)。

4. 冷拉注意事项：

(1) 测力器需定期校核；

(2) 达到控制应力或冷拉率后，稍停顿再放松；

(3) 注意安全：防护，闪开，不跨越；

(4) 冬施：温度≮-20℃，且 σ 提高 30N/mm²。

5. 冷拉筋的质量要求：

(1) 表面无裂纹颈缩；

(2) 拉力试验达标；

(3) 冷弯试验无裂纹、起层。

(二) 冷拔

是将 $\phi 6 \sim 8$ 的 HPB235 级钢筋在常温下强力拉过拔丝模孔，钢筋受到轴向拉伸，径向压缩，产生较大塑性变形，提高强度 50%～90%。

1. 冷拔丝的特点：

抗拉强度高，但塑性低、脆性大。

2. 冷拔工艺过程：

轧头→剥壳→润滑→拔丝。

3. 冷拔丝使用范围：

(1) 甲级：用做预应力筋；

(2) 乙级：用做骨架、箍筋等。

4. 质量要求：

(1) 外观，无裂纹和机械损伤；

(2) 机械性能，符合冷拔丝的各项标准。

5. 影响质量的因素：

(1) 总压缩率 $\beta = (d_0^2 - d^2)/d_0^2$，$\beta$ 越大则强度越高，但脆性越大。

(2) 每次压缩比 $d_0/d = 1.1 \sim 1.15$，次数少易断，多则脆。

三、钢筋的焊接

(一) 概述

1. 焊接目的：

(1) 接长（钢筋）；

(2) 成型（网片、箍）；

(3) 连接构件（由铰接变固定端）。

2. 焊接点位置：

(1) 不在最大弯矩处及弯折处（距弯折点≮10d）；

(2) 在 35d 和 500mm 连接区段内；受拉筋接头数≯50%；

(3) 不宜在框架梁端、柱端箍筋加密区内（不可避开时可用机械连接，一个区段内≯50%）；

(4) 不宜用于直接承受动力荷载的结构构件中。

3. 影响钢筋焊接质量的因素：

(1) 化学成分；

(2) 机械性能；

(3) 焊接工艺及焊工水平；

(4) 环境温度。

（二）闪光对焊

用对焊机将钢筋接长（直径 8~20mm 的 HPB235 级，直径 6~40mm 的 HRB335、400 级，直径 10~40mm 的 HRB500 级钢筋等）。

1. 原理：

通电后，两钢筋轻微接触，通过低电压的强电流，飞溅火花，产生高温，熔化后顶锻，形成镦粗结点。

2. 工艺：

（1）连续闪光焊，适于焊接直径<25mm 的钢筋；

（2）预热闪光焊，适于焊接直径大且端面较平的钢筋；

（3）闪光—预热—闪光焊，适于焊接直径大且端面不平整的钢筋。

注意：对 HRB500 级钢筋焊后需进行热处理，以防止脆断（提高接头塑性）。方法是：

焊后稍冷却，松开电极，放大钳口距离，冷却至暗黑色后，用低频（每秒 2 次）脉冲式通电加热至表面橘红色时即可。

3. 主要参数：

调伸长度、烧化留量和预热留量（10~20mm）、顶锻留量（4~10mm）、顶锻速度、顶锻压力、变压器次级（电流大小选择）。

4. 质量检查：

（1）外观，应有镦粗，无裂纹和烧伤，接头弯曲$\not\geqslant 3°$，轴线偏移$\not\geqslant 0.1d$ 且$\not\geqslant 2mm$。

（2）机械性能，每批（300 个接头）取 6 个试件，3 个做拉力试验，3 个做冷弯试验。

（三）电弧焊

1. 原理：

利用弧焊机使焊条与焊件之间产生高温电弧，熔化焊条及电弧范围内的焊件金属，凝固后形成焊缝或接头。

2. 接头形式与要求：

（1）搭接焊（用于直径 10~40mm 的 HPB235~HRB400 或 10~25mm 的 RRB400 级钢筋），见演示图。

1）外观要求：无裂纹、气孔、夹渣、烧伤；

2）焊缝要求：

① 长度 L：HPB235 级——单面焊$\not< 8d$、双面焊$\not< 4d$；

HRB335~HRB400 或 RRB400 级——单面焊$\not< 10d$、双面焊$\not< 5d$；

② 宽度 b：$\not< 0.8d$；

③ 高度 h：$\not< 0.3d$。

(2)帮条焊(用于直径10～40mm的HPB235～HRB400或10～25mm的RRB400级钢筋),见演示图。

1)帮条要求：

① 两帮条相同,位置居中；

② 帮条级别或直径：级别同主筋时,直径同主筋或小一规格；
直径同主筋时,级别同主筋或低一级。

③ 帮条长＝焊缝长。

2)焊缝要求：与搭接焊相同。

(3)坡口焊：有平焊和立焊,较少用。

(4)窄间隙焊(用于水平钢筋接长)。

1)钢筋直径20～40mm,间隙12～15mm；

2)外套铜制U形模具,电流100～220A。

3. 设备及材料：

(1)弧焊机(直流,交流)；焊枪；焊把线；焊条。

(2)焊条直径：$\phi 2.8$、$\phi 3.2$、$\phi 4$、$\phi 5$；根据焊件尺寸及焊机电流选择。

(3)焊条规格：E4301、E4324、E5016；

E——表示焊条；

43、50——熔敷金属抗拉强度的最小值(430、500N/mm²)；

第三、四位数字——适用焊接位置、电流及药皮类型。

(4)焊条强度选择：

焊条选择见表4-3。

钢筋电弧焊的焊条型号　　　　表4-3

钢　筋　级　别	搭接焊、帮条焊	坡　口　焊
HPB235	E4303	E4303
HRB335	E4303	E5003
HRB400	E5003	E5503

(四)电渣压力焊

1. 适用范围

现场结构、构件中直径14～32mm的HPB235、HRB335、HRB400级竖向粗筋接长。

2. 特点：

可节约钢筋,焊接速度快,成本低,质量高。

3. 原理：

电弧熔化焊剂形成空穴,继而形成渣池,上部钢筋潜入渣池中,电弧熄灭,电渣形成的电阻热使钢筋全断面熔化；断电同时向下挤压,排除熔渣与熔化金属,形成结点。

4. 机具：

(1) 常用 BX$_2$-1000 型交流弧焊机，或 JSD-600、JSD-1000 型专用电源；

(2) 焊接自动控制箱（内有电压表、电流表、时间继电器、自动报警器）；

(3) 卡具。手动或自动；

(4) 焊剂。HRB335 级钢筋-431 型，HRB400 级钢筋-431 或 350 型。

5. 焊接参数：

(1) 电压。开路≤380V，电极≤30V（取 40V）；

(2) 电流密度。1～2A/mm^2；

(3) 时间。40～45s（对直径为 28～32mm 的 HRB400 级钢筋）。

6. 质量要求：

(1) 机械性能。每楼层、每 300 个同类型接头为一批，切取三个试件做拉伸试验，均不低于该级筋抗拉强度，否则加倍截取。

(2) 外观。1) 纵肋对正，焊包均匀，无裂纹和烧伤；

2) 轴线偏移≯0.1d 且≯2mm；

3) 弯曲角≯3°。

(五) 电阻点焊

1. 应用范围：

直径 8～16mmHPB235、直径 6～16mmHRB335、HRB400 级钢筋、直径 4～12mm CRB550 级钢筋、4～5mm 冷拔钢丝的交叉连接，以制作网片、骨架等。

2. 原理：

利用电阻热熔化钢筋接触点，加压而形成结点。

3. 机械：

点焊机（单头、多头、悬挂式，手提式现场用）。

4. 要求：

(1) 焊点压入深度：较小钢筋直径的 18%～25%；

钢丝，较细直径的 30%～35%。

(2) 钢筋直径比：≯2～3。

(六) 气压焊

1. 应用范围：

直径 14～40mmHPB235、HRB335、HPB400 级钢筋，竖向、水平、斜向钢筋的现场焊接接长。

2. 原理：

利用氧、乙炔火焰加热钢筋接头处,使之达到塑性状态,在初压作用下,端头金属原子互相扩散,表面熔融后(1250~1350℃,橘黄色有白亮闪光),加压形成结点。

3. 主要设备:

(1) 加热器(混合气管、喷头);

(2) 加压油泵、油缸等;

(3) 卡具。

4. 施工要点:

(1) 钢筋用切割机下料,端部磨平、磨光,喷焊接活化剂保护;

(2) 卡具装牢,上下钢筋同心(旁隙≯3mm),并加初压30~40MPa;

(3) 加热初期用强碳化焰(防氧化),缝隙闭合后用中性焰(提温),温度达到1250~1350℃时边加热边加压,最终达到34~40MPa,焊点红色消失后拆卡具。

5. 质量要求:

(1) 外观。偏心量≯0.15d且≯4mm,轴线弯折角≯3°;

镦粗头:直径≮1.4d,长度≮1d;

接头无环向裂纹,镦粗区表面无严重烧伤。

(2) 机械性能。每楼层、每300个接头为一批,切取三个接头做拉伸试验;均不低于该级筋抗拉强度,否则加倍截取。梁板的水平筋应增加3个做弯曲试验。

四、钢筋的机械连接

(一) 套管冷挤压连接

1. 特点:

强度高、速度快、准确、安全、不受环境限制。

2. 适用:

(带肋粗筋)HRB335、HRB400或RRB400级直径18~40的钢筋,异径差≯5mm。

3. 方法:

(1) 径向挤压;

(2) 轴向挤压。

4. 要求:

(1) 套管材料、规格合格,屈服、极限强度比钢筋大10%以上;

(2) 钢筋无污、肋纹无损;

(3) 压痕道数符合要求(3~8×2道),压痕外径为0.85~0.9套管原外径;

(4) 接头无裂纹,弯折≯4°。

(5) 强度检验：500 个接头取 3 个，1 个不合格，加倍抽样复验；满足 A 级（母材极限、高延性、反复拉压）或 B 级（1.35 倍屈服）抗拉强度要求。

（二）螺纹连接

1. 特点：
速度快、准确、安全、工艺简单、不受环境、钢筋种类限制。
2. 适用：
HPB235、HRB335、HRB400 和 RRB400 级直径 16～40 的竖向、水平、斜向钢筋，异径差≥9mm。
3. 方法：
(1) 锥螺纹；
(2) 直螺纹（镦粗、滚压）。
4. 螺纹连接要求：
(1) 套筒材料、尺寸、丝扣合格（塞规检查，盖帽保护）；
(2) 钢筋丝扣合格（牙规、卡规检查）、洁净、无锈，套保护帽；
(3) 锥螺纹时，用力矩扳手拧紧至出声，并涂漆标记；
(4) 外露少于一个完整丝扣；
(5) 正式连接前，每 300 取 3 个试样。要求：
1) 锥螺纹连接：达到 B 级接头标准（屈服强度≮钢筋屈服；极限强度≮1.35 筋屈服）；
2) 直螺纹连接：达到 A 级接头标准（极限强度≮钢筋抗拉强度）。

五、钢筋的配料

确定各钢筋的直线下料长度、总根数及总重，提出钢筋配料单，以供加工制作。

（一）下料长度计算

1. 钢筋外包尺寸，外皮至外皮尺寸，由构件尺寸减保护层厚得到。
2. 钢筋下料长度＝直线长＝轴线长度＝外包尺寸－中间弯折处量度差值＋端部弯钩增加值，见图 4-3。

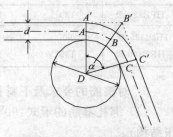

图 4-3 量度差值计算简图

3. 中间弯折处的量度差值＝弯折处的外包尺寸－弯折处的轴线长，见图 4-3。
(1) 弯折处的外包尺寸 $A'B'+B'C'=2A'B'=2(D/2+d)tg(\alpha/2)$

(2) 弯折处的轴线弧长

$$ABC=\left(\frac{D}{2}+\frac{d}{2}\right)\cdot\frac{\alpha\cdot\pi}{180}=(D+d)\cdot\frac{\alpha\cdot\pi}{360}$$

(3) 据规范规定，弯折处的弯弧内直径 D 应 $\geqslant 5d$，若取 $D=5d$，则量度差值为：

$$2(3.5d)\mathrm{tg}\frac{\alpha}{2}-(6d)\frac{\alpha\pi}{360}=7d\mathrm{tg}\frac{\alpha}{2}-\frac{\alpha\pi d}{60}$$

常见数据见表 4-4。

常见弯折角度的量度差值 表 4-4

弯 折 角 度	计算量度差值	结合实践经验取值
$\alpha=30°$	$0.306d$	$0.35d$
$\alpha=45°$	$0.543d$	$0.5d$
$\alpha=60°$	$0.9d$	$0.85d$
$\alpha=90°$	$2.29d$	$2d$
$\alpha=135°$	$2.83d$	$2.5d$

注：d 为钢筋直径。

4. 端部弯钩增长值：

规范规定：HPB235 级受力钢筋：端部应做 180°弯钩，弯心直径 $\geqslant 2.5d$，平直段长度 $\geqslant 3d$。

HRB335、HRB400 级钢筋：设计要求端部做 135°弯钩时，弯心直径 $\geqslant 4d$，平直段长度按设计要求。

一个弯钩需增加的尺寸见表 4-5。

钢筋端部弯钩要求与增加值 表 4-5

钢筋级别	弯钩角度	弯心最小直径	平直段长度	增加尺寸
HPB235 级	180°	$2.5d$	$3d$	$6.25d$
HRB335 级、HRB400 级	90° 135°	$4d$	按设计	$1d+$平直段长 $3d+$平直段长

5. 对箍筋的要求及下料长度计算：

(1) 绑扎箍筋的形式：90°/90°，90°/180°，135°/135°(抗震和受扭结构)。

(2) 箍筋弯心直径(D)：$\not< 2.5d$，且不小于纵向受力筋的直径。

(3) 箍筋弯钩平直段长：一般结构 $\not< 5d$，抗震结构 $\not< 10d$。

(4) 矩形箍筋外包尺寸 $=2$(外包宽+外包高)

外包宽(高) $=$ 构件宽(高) $-2\times$ 保护层厚 $+2\times$ 箍筋直径

(5) 一个弯钩增长值：

90°时，$(D/2+d/2)\pi/2-(D/2+d)+$平直段长

135°时，$(D/2+d/2)3\pi/4-(D/2+d)+$平直段长

180°时，$(D/2+d/2)\pi-(D/2+d)+$平直段长

(6) 箍筋下料长度 $L=$外包尺寸－中间弯折量度差值＋端弯钩增加值

矩形箍筋 135°/135°弯钩时，近似为：$L=$外包尺寸$+2\times$平直段长

(二) 钢筋配料单

钢筋加工和验收的依据，形式见演示图。

六、钢筋代换

1. 原则（方法）

(1) 等强度代换。用于按计算配筋或不同级别钢筋的代换。

$$A_{s2}f_{y2} \geqslant A_{s1}f_{y1}$$

或 $n_2 \geqslant (n_1 d_1^2 f_{y1})/(d_2^2 f_{y2})$

(2) 等面积代换。用于按构造配筋或同级别钢筋的代换。

$$A_{s2} \geqslant A_{s1} \text{ 或 } n_2 \geqslant (n_1 d_1^2)/(d_2^2)$$

2. 注意问题

(1) 重要构件，不宜用 HPB235 级光圆筋代替 HRB335 级带肋钢筋；

(2) 代换后应满足配筋构造要求（直径、间距、根数、锚固长度）；

(3) 代换后直径不同时，各筋拉力差不应过大（同级直径差$\not\geqslant$5mm）；

(4) 受力不同的钢筋分别代换；

(5) 有抗裂要求的构件应做抗裂验算；

(6) 重要结构的钢筋代换应征得设计单位同意。

七、钢筋绑扎安装要求

1. 钢筋的钢号、直径、根数、间距及位置符合图纸要求。

2. 搭接长度及接头位置应符合设计及施工规范要求。

(1) 受拉筋搭接长度见表 4-6；

(2) 接头位置：距弯折处$\not\leqslant 10d$；不在最大弯矩处；

(3) 相互错开：在 1.3 倍搭接长度范围内，梁、板、墙类$\geqslant$25%，柱类$\geqslant$50%。

3. 绑扎、安装牢固。

4. 保证钢筋混凝土保护层的厚度：方法——垫块、支架，见演示图。

第四章 钢筋混凝土工程

受拉钢筋最小搭接长度　　　表 4-6

钢筋级别	C20～C25 混凝土	C30～C35 混凝土	≥C40 混凝土	备　注
HPB235 级	35d	30d	25d	且≮300mm
HRB335 级	45d	35d	30d	
HRB400 级	55d	40d	35d	

注：1. 接头面积百分率为 25%～50% 时，乘 1.2 系数；大于 50% 时，乘 1.35 系数；
　　2. 直径＞25mm 的带肋钢筋，应乘 1.1 的系数；
　　3. 有抗震要求时：一、二级抗震者乘 1.15 系数；
　　4. 受压筋搭接长度按受拉筋×0.7，且≮200mm；
　　5. 搭接区内箍筋间距：受拉区≯5d 且≯100mm，受压区≯10d 且≯200mm。

5. 钢筋表面清洁。

八、钢筋的隐检验收

内容：钢号、直径、数量、间距、连接的质量、位置、搭接的长度、保护层厚度、表面清洁等。

模板封闭或混凝土遮盖前进行。

第三节　模　板　工　程

一、概述

(一) 模板的作用、组成和基本要求

1. 作用：使混凝土按设计的形状、尺寸、位置成型的模型板。
2. 模板系统的组成：模板、支撑系统、紧固件。
3. 对模板及支架的基本要求：
(1) 要保证结构和构件的形状、尺寸、位置的准确；
(2) 具有足够的强度、刚度和稳定性；
(3) 构造简单，装拆方便，能多次周转使用；
(4) 板面平整，接缝严密；
(5) 选材合理，用料经济。

(二) 模板的种类

1. 按材料分：木模、钢模、钢木模、木或竹胶合板、铝合金、塑料、玻璃钢等。
2. 按安装方式分：
(1) 拼装式。木模、小钢模、胶合板模板；
(2) 整体式。大模、飞模、隧道模；
(3) 移动式。筒壳模、滑模、爬升模；
(4) 永久式。预应力、非预应力混凝土薄板，压延钢板。

二、模板的构造及要求

(一) 木模板

木板厚度 25～50mm；宽度≯200mm（易密缝，不易翘曲）；一般不刨光,往往做成木拼板,拼板宽≯150mm,拼条间距400～500mm,断面40mm×70mm等。

1. 基础模板
(1) 阶梯形。底阶用撑木固定于地或壁,上阶用轿杠木,有杯口时用杯芯模,外包铁皮。
(2) 锥形。斜坡不陡不支模,拍上混凝土,陡时,随浇随支。
(3) 条形。上阶用吊模。
要求:位置、尺寸准确,支撑牢固,用土模时切直修光。

2. 柱模板
(1) 构造:见演示图,每500～1000mm加柱箍一道,两方向加支撑和拉杆(钢筋头固定点)。
(2) 要点:按弹线固定底框,再立模板、安柱箍、加支撑;留好梁口、浇筑口、清扫口;校好垂直度,支撑牢固,柱间拉接稳定。
(3) 允许偏差:底模上表面标高±5mm;截面尺寸+4、-5mm;垂直度偏差<6mm(全高≤5m);<8mm(全高>5m)。

3. 梁模板
(1) 构造:模板,底模板厚≮50,侧模板厚≮30;支撑,支柱用方木、钢管,或工具式桁架、门式架、组合支架。
(2) 施工要点:
1) 梁(板)跨度≥4m时,底模应起拱。起拱高度=1‰～3‰跨度。
2) 支柱间设拉杆,支柱下垫75mm×200mm,通长垫板;土面时,夯实、排水、防冻胀。
3) 层高≥5m时,应采用桁架或多层支架支模。
4) 梁高>700mm时,侧模腰部加拉结件。
5) 上下层支柱对正。

4. 楼板模板。(及楼梯模板——底板倾斜,做成踏步)
(1) 底模:厚30mm以上木板,大面积用厚≤18mm的木胶合板、竹胶合板。
(2) 支撑:木方格栅,钢桁架、钢管脚手式支撑、门式支架。
(3) 要求:标高准确,平整、严密,适当起拱,预埋件、预留孔洞不遗漏,位置准确,安装牢固;相邻两板表面高低差≯2mm,表面平整≯5mm/2m长。

5. 圈梁模板
(1) 挑扁担法:木方或钢管承托模板,间距≯1.5m,可用于硬架支模。
(2) 倒卡法:φ10钢筋承托模板,间距≯1m;工具式卡具,间距

≥1m。

(3) 偏心轮卡具法：专用支腿承托模板，间距≥1m，可用于硬架支模。

(二) 组合式定型钢模板

优点：强度高、刚度大；组装灵活、装拆方便；通用性强、周转次数多；混凝土质量好。

1. 构造组成见演示图。

(1) 钢模板：2.5mm、2.8mm、3mm 厚的钢板冷压成型，中间焊有纵横肋，边肋有凸棱(0.3mm)和孔眼@50～150。

1) 平模：代号：P3015（宽 300 长 1500）。

　　　　　规格（55 系列）：长度：1500mm，1200mm，900mm，

　　　　　　　　　　　750mm 和 600mm 五种；

　　　　　宽度：300mm，250mm，200mm，150mm 和 100mm 五种。

2) 角模：长同平模，

宽：阴角模 150mm×150mm、100mm×150mm，代号 E；

　　阳角模 100mm×100mm，代号 Y；

　　连接角模 55mm×55mm，代号 J。

(2) 连接件：U 形卡；L 形插销；钩头螺栓；拉杆；扣件。

(3) 支承件：支承梁（方钢管、双钢管），支撑桁架，顶撑。

2. 配板设计

(1) 先绘出构件展开图，再做出最佳配板方案，绘出配板图。

(2) 原则：1) 尽量用大块模板，60 系列、70 系列钢模板可省支承连接件（不足 50 处，需打孔、拉结处用木条）；

2) 合理使用转角模；

3) 端头接缝尽量错开，整体刚度好；

4) 模板长度方向同构件长度方向，可扩大支承跨度。

3. 类似产品

钢框木（竹）胶合板模板，60 系列、70 系列钢模板，宽度大。

4. 支模要点

(1) 支模前刷隔离剂；

(2) 柱模先拼成角状或四片，墙模先拼成两片；

(3) 柱、墙模除设斜撑外，还应设斜向和水平拉杆。

(三) 大模板

1. 特点

施工速度快；机械化程度高；混凝土表面平整、缝少；一次投资及耗钢多；通用性差。适用于剪力墙、筒体体系。

常用大模的结构形式：

墙体——内浇外挂;内浇外砌;内外墙全现浇(楼板全现浇或叠合板)。

楼板——预制;现浇;叠合板。

2. 大模板的构造(分为固定式和拼装式)

(1) 面板。钢板 $t=3\sim5mm$;竹、木胶合板 $t=15\sim20mm$,易安线条、做图案。

(2) 加劲肋。∠65 或 [65,间距 $L=300\sim500mm$。

(3) 竖楞。每道两根 [65 或 [80,背靠背,间距 $1\sim1.2m$。

(4) 支撑桁架($2\sim4$ 榀)。

(5) 稳定机构及附件(底脚螺栓、穿墙螺栓、$\phi 30$ 管、操作平台)。

3. 设计计算方法(先计算混凝土的侧压力)

(1) 面板。$L/t\leqslant 100$ 按小挠度连续板计算,只设水平加劲肋时,取 1m 宽按连续梁计算强度、挠度;有水平、垂直加劲肋时,取一个区格按三边固定一边简支计算。

(2) 加劲肋。按以竖楞为支承的连续梁计算,计算时考虑与面板共同工作,按组合截面计算截面抵抗矩,验算强度、刚度。

(3) 竖楞。按以穿墙螺栓为支承的连续梁计算,考虑与板、加劲肋协同工作。

4. 组合方案

(1) 平模。纵横墙不同时浇,外墙为预制或砌筑;

(2) 大角模。稳定性好,接缝在中间;

(3) 小角模。内外全现浇,纵横墙同时浇;

(4) 筒子模。管井、电梯井内模等。

5. 大模板的连接与支承

(1) 两模板为一对,用穿墙螺栓拉紧(顶部可用卡具);

(2) 外墙外模的支承方法。

1) 支承于三角架的钢平台上;

2) 悬挂于内墙模板上;

3) 提模(爬模)。

6. 施工要点

(1) 存放时按自稳角斜放,面对面;

(2) 安装前刷好隔离剂;

(3) 对号入座,按线就位,调平、调垂直后,穿墙螺栓及卡具拉牢;

(4) 混凝土分层浇捣,门窗洞口两侧等速浇筑;

(5) 混凝土强度达到 $1N/mm^2$ 后可拆模,达到 $4N/mm^2$ 后可安装楼板(常加硬架)。

（四）滑升模板

用提升装置滑升组合成整体的模板系统，不断在模板内浇筑混凝土和绑扎钢筋的施工方法。

1. 特点：

机械化程度高，施工速度快，模板及脚手用量少；一次投资多，通用性差，要求组织管理水平高，须保证水电供应。

2. 适用：

筒壁结构；墙板结构；框架结构。

（五）爬升模板

（六）其他模板（飞模、隧道模、永久模、早拆体系）

三、模板的设计

（一）定型模板及常用的拼板在其适用范围内不需设计或验算

需要设计或验算的：重要结构的模板；特殊形式的模板；超出适用范围的模板。

（二）设计原则

(1) 保证构件的尺寸、形状、相互位置正确；

(2) 有足够的强度、刚度、稳定性（变形≯2mm，承载）；

(3) 构造简单，装拆方便，不妨碍钢筋安装，不漏浆；

(4) 优先选用通用、大块模板；

(5) 长向拼接，错开布置，每块模板有两处钢楞支撑；

(6) 内钢楞垂直于模板长向，外钢楞与内钢楞垂直，且规格≮内钢楞；

(7) 对拉螺栓按计算配置，减少钢模上的钻孔；

(8) 支承杆的长细比＜110，安全系数K＞3。

（三）设计内容：

选型、选材，荷载计算，结构计算，拟定安装、拆卸方法，绘制模板图。

（四）设计步骤

(1) 明确需配制模板的层段数；

(2) 决定模板的组装方法；

1) 夹箍、支撑件的计算选配；

2) 支撑系统的布置、连接、固定方法；

3) 列用量表（模板、支撑件、连接件、工具）。

（五）模板的荷载

1. 标准值：

(1) 模板及支架重量：见表4-7。

第三节 模板工程

楼板模板自重参考表　　　　　　表 4-7

模 板 构 件 名 称	木模板(kN/m²)	定型组合钢模板(kN/m²)
平板的模板及小楞的自重	0.3	0.5
楼板模板的自重(包括梁的模板)	0.5	0.75
楼板模板及其支架的自重(层高 4m 以下)	0.75	1.1

(2) 新浇混凝土的重量：普通混凝土 24kN/m³，其他混凝土按实际重力密度。

(3) 钢筋自重：楼板——1.1kN/m³ 混凝土，梁——1.5kN/m³ 混凝土。

(4) 施工人员及设备荷载：

模板及小楞 2.5kN/m²，大楞 1.5kN/m²，支柱 1.0kN/m²。

(5) 振捣混凝土荷载：底模 2.0kN/m²，侧模 4.0kN/m²（在有效压头高度内）。

(6) 新浇混凝土的侧压力，以下二式中取小值(kN/m²)：

$$F = 0.22 \gamma_c t_0 \beta_1 \beta_2 v^{0.5}$$
$$F = \gamma_c H$$

式中　γ_c——混凝土重力密度(kN/m³)；

　　　t_0——初凝时间，实测或 $t_0 = 200/(T+15)$；

　　　T——混凝土温度(℃)；

　　　β_1——外加剂修正系数(不掺外加剂：取 1；掺缓凝型外加剂：取 1.2)；

　　　β_2——坍落度修正系数：

　　　　　　<30mm→0.85，50～90mm→1，110～150mm→1.15；

　　　v——浇筑速度(m/h)；

　　　H——计算处至混凝土顶面高。

混凝土侧压力的分布图形如图 4-4，其中 h 为有效压头高度，$h = F/\gamma_c$，单位:m。

(7) 倾倒混凝土时的水平冲击荷载：取决于向模板中供料的方法，2～6kN/m²，作用在有效压头高度范围内。

2. 荷载分项系数：长期 1、2、3、6——$\gamma_1 = 1.2$；短期 4、5、7——$\gamma_1 = 1.4$。

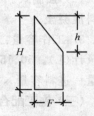

图 4-4　混凝土侧压力的分布图形

3. 荷载设计值＝标准值×分项系数。

4. 荷载组合：见演示盘。

(六) 计算规定

1. 计算模板及支架的强度：

按安全等级为第三级的结构构件考虑（临时结构）。

2. 计算模板及支架的刚度：

允许变形值——结构表面外露，1/400 模板跨度；结构表面隐蔽，1/250 模板跨度；支架压缩变形值或弹性挠度，1‰结构跨度。

3. 风载抗倾覆稳定系数≮1.15。

第四节　混凝土工程

一、概述

1. 工艺过程：配料→搅拌→运输→浇筑→振捣→养护。
2. 特点：
(1) 工序多，相互联系和影响；
(2) 质量要求高；
(3) 不易及时发现质量问题。

二、混凝土的制备

(一) 混凝土施工配制强度的确定

应使保证率达到95%。

(二) 混凝土搅拌机选择

1. 搅拌机分类：（按工作原理分）
(1) 自落式。靠自落重力交流掺合（磨损小，易清理）；
(2) 强制式。叶片强行搅动，物料被剪切、旋转，形成交叉物流。（混凝土质量好，生产率高，操作简便，安全）

2. 适用范围：
(1) 自落式。骨料较粗重的塑性混凝土；
(2) 强制式。骨料较粗重的塑性混凝土、干硬性混凝土及轻骨料混凝土。

3. 工作容量：老式搅拌机以进料容量计；新式搅拌机以出料容量计(L)。50、150、250、350、500、750、1000、1500、3000 等；出料容量＝进料容量×出料系数(0.625)。

(三) 施工配合比及配料计算

1. 混凝土配合比确定的步骤

初步计算配合比→实验室配合比→施工配合比（→每盘配料）。

2. 混凝土施工配合比换算方法（增加含水的砂石用量，减少

另外的加水量)

(1) 已知实验室配比 水泥:砂:石=1:X:Y,水灰比 W/C

(2) 又测知现场砂石含水率:W_x,W_y,则施工配合比为:

水泥:砂:石:水=1:X(1+W_x):Y(1+W_y):(W−XW_x−YW_y)

3. 配料计算

据施工配合比及搅拌机一次出料量计算一次投料量。用袋装水泥可取整,超量≯10%。

【例】 某混凝土实验配比为1:2.28:4.47,水灰比0.63,水泥用量为285kg/m³,现场实测砂、石含水率为3%和1%。拟用装料容量为400L的搅拌机拌制,试计算施工配合比及每盘投料量。

【解】 1) 混凝土施工配合比为:水泥:砂:石:水
=1:2.28(1+0.03):4.47(1+0.01):(0.63−2.28×0.03−4.47×0.01)
=1:2.35:4.51:0.517

2) 搅拌机的出料量:400×0.625=250(L)=0.25(m³)

3) 每盘投料量:水泥285×0.25=71(kg),取75kg,则:
砂 75×2.35=176(kg)
石 75×4.51=338(kg)
水 75×0.517=38.8(kg)

(四) 投料与搅拌

1. 装料顺序:

(1) 一次投料法。石子→水泥→砂,筒内先加水或进料时加水。

(2) 二次投料法。砂、水、水泥(拌1min)→石子(拌1min)→出料。

(3) 两次加水法(造壳混凝土)。砂、石→70%水→拌30s→水泥→拌30s→30%水→拌60s。(强度提高10%~20%,或节约水泥5%~10%)

2. 配料与搅拌要求:

(1) 配比及每次投料量挂牌公布;

(2) 称量准确:1) 水泥、掺料、水、外加剂允许偏差±2%;

2) 粗、细骨料允许偏差±3%。

(3) 搅拌时间:全部装入至卸料时间。取决于所拌混凝土的坍落度、搅拌机类型与装料量、拌合物材料等,自落式≤90s,强制式≤60s。

（五）混凝土搅拌站

见演示图。

三、混凝土的运输

（一）要求

1. 不分层离析：
（1）水平运输时，路要平，减少漏浆和散失水分；
（2）垂直下落高度较大时，用溜槽、串筒；
（3）若有离析，浇灌前需二次搅拌。

2. 有足够的坍落度：一般要求如表4-8。

混凝土浇筑时的坍落度　　　　表4-8

结构类型及特点	坍落度（mm）
垫层、无筋或少筋的厚大结构	10～30
板、梁、大中型截面柱	30～50
配筋密列结构（薄壁、筒仓、细柱）	50～70
配筋特密结构	70～90

3. 尽量缩短运输时间，减少转运次数。

混凝土运输和浇筑的最长时间限制，见表4-9

混凝土从搅拌机卸至浇注完毕的延续时间　　表4-9

混凝土强度等级	气温≤25℃	气温>25℃
C30 及以下	120min	90min
C30 以上	90min	60min

4. 保证连续浇筑的供应。

5. 器具严密、光洁，不漏浆，不吸水，经常清理。

（二）运输机具

1. 地面水平运输：
（1）短距离（<1km）。机动翻斗车、手推车；
（2）较长距离（<10km）。自卸汽车；
（3）长距离。混凝土搅拌运输车[或装拌好的混凝土；或装干料（>10km），卸料前10～15min加水搅拌]。

2. 垂直运输：
（1）井架。配合自动翻斗车、手推车；
（2）塔吊。配合吊斗（容积0.8～1.2m³），垂直、水平运输及浇筑。

3. 泵送运输：
利用混凝土输送泵及管道（D75～200mm），完成垂直、水平运输。

(1) 机械类型：活塞式（液压、连杆）；挤压式。

性能：混凝土排量30～90m³/h，高度100m(～203m)，水平距离600m。

(2) 要求：1) 骨料粒径。碎石≤1/3管径；卵石≤2/5管径。

2) 砂率。40%～50%。

3) 最小水泥用量。300kg/m³。

4) 坍落度。80～180mm。

5) 掺外加剂。高效减水剂、流化剂，增加和易性。

6) 保证供应，连续输送（超过45min间歇应清理管道）。

7) 用前润滑，用后清洗，减少转弯，防止吸入空气产生气阻。

(3) 适用于：大体积混凝土连续浇筑。

三、混凝土的浇筑和捣实

(一) 准备工作

(1) 模板和支架、钢筋和预埋件检查，并作记录。

(2) 准备和检查材料、机具、运输道路。

(3) 清除模板内垃圾、泥土，及钢筋上油、污，木模浇水，封孔墙缝。

(4) 人员、组织及安全技术交底。

(二) 混凝土浇筑要点

1. 防止分层离析。

自由倾落高度＞2m及竖向结构浇筑高度＞3m时，应用串筒、溜槽、溜管，或在模板上开浇筑口。

2. 分层浇筑、分层捣实。

每层浇筑厚度，插入式振动器，≯1.25倍振捣棒长度；表面振动器，≯200mm。

3. 墙、柱等竖向构件浇筑前，先垫50～100mm厚水泥砂浆（与混凝土砂浆成分同，防止烂根）。

4. 竖向构件与水平构件连续浇筑时，应待竖向构件初步沉实后(1～1.5h)再浇水平构件。

5. 应连续浇筑，尽量缩短间歇时间。运输、浇筑、间歇总允许时间见表4-10

运输、浇筑和间歇的最长允许时间　　　　表4-10

混凝土强度等级	气温≤25℃	气温＞25℃	预计超过允许时间，则应事先留施工缝
≤C30	210min	180min	
＞C30	180min	150min	

6. 有人看模、看筋,做好施工记录。

(三) 对施工缝的要求

施工缝是在浇筑混凝土过程中,因设计要求或施工需要分段浇筑而在先、后浇筑的混凝土之间所形成的接缝。

1. 施工缝的位置:

(1) 须浇前确定。

(2) 原则:留在结构承受剪力较小且施工方便的部位。

(3) 规定:

1) 柱:基础顶面、梁下、吊车梁牛腿下或吊车梁上、柱帽下(水平缝);

2) 梁:梁板宜同时浇筑,梁高＞1m 时水平缝可留在板或翼缘下 20～30mm 处;

3) 单向板:可在平行于板短边的任何位置留垂直缝;

4) 有主次梁的楼盖:顺次梁方向浇筑,在次梁中间 1/3 跨度范围内留垂直缝;

5) 墙:在门洞口过梁中间 1/3 跨度范围内,或在纵横墙交接处留垂直缝;

6) 双向楼板、大体积混凝土结构、拱、薄壳、蓄水池、多层刚架等,按设计要求留置。

2. 施工缝的处理及接缝:

(1) 先浇的混凝土强度≮$1.2N/mm^2$。

(2) 表面清理(清除水泥薄膜、松动的石子及软弱混凝土层),湿润、冲洗干净,但不得积水。

(3) 浇前铺水泥砂浆 10～15mm 厚。

(4) 浇混凝土时细致捣实但不触动原混凝土,令新旧混凝土紧密结合。

(四) 大体积混凝土结构浇筑

1. 要求保证混凝土的整体性时,连续浇筑不留施工缝,分层浇筑捣实。

(1) 浇筑方案:

1) 全面水平分层。用于面积小而厚度大时;

2) 斜面分层。用于面积大但为长条形时;

3) 分段分层。用于面积大但厚度小时。

(2) 每小时混凝土最小浇筑量:

$$Q = \frac{F \cdot h}{T} = \frac{F \cdot h}{t_1 - t_2} \quad (m^3/h)$$

式中 F——浇筑区面积(m^2);

h——浇筑层厚度(m);

T——下层混凝土允许的时间间隔。一般为混凝土初凝时间 t_1 减去运输时间 t_2。

2. 防止开裂:

(1) 两种裂缝:

1) 升温阶段内外温差造成表面开裂(需控制混凝土内外温差 $\not> 25℃$);

2) 后期降温收缩受到约束阻力而拉裂(多种措施,设置后浇带)。

(2) 减少内外温差的措施:

1) 减少水化热:用低热水泥,掺减水剂、粉煤灰减少水泥用量,使用缓凝剂。

2) 内部降温:石子浇水、冰水搅拌,毛石吸热,减缓浇速,避日晒,埋冷水管。

3) 外保温或升温:覆盖,电加热、蒸汽加热。

(五) 框架及剪力墙的浇筑

(1) 柱、墙底部宜先垫 50～100mm 厚同成分的水泥砂浆,分层浇捣;顶部应适当减少混凝土的用水量,并清除表面浮浆。

(2) 墙洞口两侧对称浇筑,排除洞口模板下的空气,钢筋过密时可采用细石混凝土。

(3) 梁板应同时浇筑。梁宜自节点向中间采用赶浆浇筑法。

(4) 梁柱节点混凝土强度等级不同者,应先浇高强度等级节点,并适当扩大浇筑范围。

(六) 混凝土的密实成型

1. 目的:充满模板而成型;排除多余的水分、气泡、空洞而密实。

2. 方法:人工插捣;机械振捣;挤压成型;离心成型;真空吸水;自密实成型。

3. 常用振捣设备:

(1) 内部插入式——中频(5000～8000 次/min),高频(12000～19000 次/min);软轴式和直联式。

(2) 表面振动器(平板式)。

(3) 附着式振动器——附着于模板,用于钢筋密、厚度小的墙、薄腹梁等构件预制。

(4) 振动台——用于厂内预制小型构件。

4. 振捣方法与要点:

(1) 插入式:

可垂直插入振捣或以 45°角斜向振捣。

1) 插点间距≯1.5R(R——有效作用半径,一般可取 R≈8~10 倍棒直径);插点距模板≯0.5R,并避免碰模板、钢筋、埋件等。

2) 每点振捣时间 10~30s(浮浆,无明显沉落,无气泡即可)。

3) 快插慢拔,上下抽动,插入下层 50~100mm。

(2) 表面式:

振点间搭接 3~5cm。每点振捣时间 25~40s。一般有效作用深度 200mm。

5. 真空吸水法:

用真空负压,将水从刚成型的混凝土拌合物中排出,同时使混凝土密实。

(1) 优点:提高强度、抗冻性、耐磨性、钢筋握裹力,有 0.1~0.2N/mm² 的初期强度,收缩小、表面无裂缝、节约水泥、降低造价、加快模板周转。

(2) 真空吸水设备:吸垫——尼龙布过滤层,塑料网片骨架层,橡胶布密封层;真空机组——真空泵、电机、水箱等。

(3) 操作要点:

1) 振捣混凝土(混凝土坍落度 2~4cm),提浆刮平。

2) 铺吸垫。尼龙布→塑料网片→橡胶布盖垫(中间有吸管)。

3) 真空吸水。15min,至指压无陷痕,踩只留轻微脚印。

4) 机械抹面。

(4) 工艺参数:

1) 吸水时间。1cm 厚 1~1.5min;

2) 吸水量。3~5min 占总量 50%;

3) 作用深度。30~40cm,最好 15~20cm;

4) 配比要求。低强度等级水泥,砂率宜大些(中砂、粗砂)。

五、混凝土养护与拆模

(一) 养护

1. 方法

(1) 人工养护:加热、保湿;强度增长快,耗能多。

(2) 自然养护(常用):在常温下(5℃以上)保持混凝土处于温湿状态,使其强度增长。

2. 自然养护要求

(1) 浇筑完后 12h 内(炎热夏季 2~3h,干硬性混凝土 1~2h)覆盖浇水。

(2) 养护日期以达到设计强度 60% 左右为度:一般混凝土≮7d;缓凝剂、抗渗混凝土≮14d。

(3) 覆盖材料：麻袋、苇席、草帘、锯末、砂、塑料薄膜；喷涂薄膜剂。

(4) 浇水次数：保持湿润。15℃左右，每天2～4次；干燥、高温时适当增加。

(5) 混凝土强度达到 1.2N/mm² 后方准上人或安装模板。

(二) 模板拆除

1. 拆模时混凝土的强度：

(1) 侧模：在混凝土强度能保证拆模时不粘皮、不掉角、不损坏即可。一般为 1～2.5N/mm²。

(2) 底模拆模时混凝土的最低强度为：

1) 跨度≤2m 的板，达到 50%设计强度标准值（同条件养护试块测之）；

2) 跨度 2～8m 的板，≤8m 的梁、拱、壳，达到 75%；

3) 跨度＞8m 的梁、板、拱、壳，悬臂构件，达到 100%。

(3) 混凝土强度的确定：

1) 先查混凝土强度增长曲线估计强度（依据水泥品种、强度等级、养护期平均温度、时间）；

2) 再压同条件养护的试块核实强度。

2. 拆模应注意的问题：

(1) 顺序：符合构件受力特点；先非承重模板后承重模板；从中向外或从一侧向另一侧（对整体而言）；先支的后拆、后支的先拆，谁支的谁拆（对局部而言）。

(2) 重大、复杂模板，事先拟定拆模方案。

(3) 发现重大质量问题应停拆，处理后再拆。

(4) 多、高层现浇梁板的支柱应与结构施工层隔二～三层拆除。

(5) 要保护构件及模板，及时清运、清理，码放好。

六、混凝土质量的检查

(一) 搅拌和浇筑中的检查

(1) 材料的质量和用量，每班检查≮2 次。

(2) 在浇筑地点的坍落度，每班检查≮2 次。

(3) 及时调整施工配比（当有外界影响时）。

(4) 搅拌时间随时检查。

(二) 混凝土强度的检查

1. 试块的留置：

(1) 取样：

1) 地点。浇筑地点，随机取。

2) 数量。每 100 盘、每 100m³、每工作班、每楼层、每一验收项目的同配比混凝土取样不少于一次；每次标准试件至少一组，同条件养护者据需要而定；每组三个试件。

(2) 最小试块尺寸：

最小试块尺寸见表 4-11。

试件最小尺寸及其强度换算系数 表 4-11

最大骨料粒径(mm)	试件边长(mm)	强度的尺寸换算系数
≤31.5	100	0.95
≤40	150	1.00
≤63	200	1.05

2. 试压强度代表值：
(1) 强度与中间值之差均不超过 15% 时，取平均值；
(2) 有一个与中间值之差超过 15% 时，取中间值；
(3) 最大、最小值与中间值之差均超过 15% 时，作废。

3. 同批强度评定方法：

大批量生产(15 组以上，10 组以上)：按统计法评定；

零星生产：可按非统计法。要求同一验收批混凝土强度的：

平均值　　　　$m_{fcu} \geqslant 1.15 f_{cu,k}$

最小值　　　　$f_{cu,min} > 0.95 f_{cu,k}$

第五节　混凝土冬期施工

一、冬期施工起始时间

1. 当室外日平均气温连续 5d 稳定低于 5℃ 时，混凝土工程应采取冬施措施。

2. 温度确定：据当地多年气象资料及当年气候趋势。

二、混凝土受冻及受冻临界强度

1. 混凝土冻结温度：-1.5℃～-2℃ 开始冻结（游离水）；-2℃～-4℃ 全部冻结（吸附水）。

2. 混凝土受冻后造成最终强度损失：
(1) 原因。冰胀应力使混凝土内部产生微裂纹；钢筋和粗骨料表面形成冰膜影响粘结力。
(2) 特点。冻结越早、水灰比越大，则强度损失越多。

3. 混凝土受冻临界强度（受冻前应达到的强度）：

混凝土受冻后，其最终强度损失不超过 5% 的预养强度值（混凝土基本上能够抵抗冰胀应力的最低强度），规范规定见表 4-12。

第五节　混凝土冬期施工

混凝土受冻临界强度　　　　　　　表 4-12

不同水泥拌制的混凝土	受冻临界强度
硅酸盐水泥、普通硅酸盐水泥配制的混凝土	30%设计标准强度
矿渣硅酸盐水泥配制的混凝土	40%设计标准强度且 ≤5N/mm²

三、混凝土冬施要求

1. 材料：

（1）水泥——品种优先选用普通硅酸盐水泥，强度等级≥32.5；用量≤300kg/m³ 混凝土。

（2）水灰比≤0.6。

（3）骨料中不得有冰块。

（4）外加剂不宜使用氯盐。

2. 拌制：

（1）材料加热温度应据热工计算确定，最高温度限制见表4-13。

材料加热最高温度　　　　　　　表 4-13

使用的水泥品种	水　温	骨料温度
<42.5级以下的普通硅酸盐水泥、矿渣水泥	80℃	60℃
≥42.5级的硅酸盐水泥、普通硅酸盐水泥	60℃	40℃

（2）搅拌时间：比常温延长50%。

（3）掺防冻剂时，出机温度≤10℃，入模温度≤5℃。

3. 运输：缩短运距，容器保温。

4. 浇筑：

（1）清除模板、钢筋上的冰雪、污垢；

（2）不得在强冻胀性的地基上浇筑；

（3）大体积混凝土浇上层时，下层温度≤2℃；

（4）混凝土结构加热养护时，若＞40℃应征得设计同意（防止较大温度应力）；

（5）装配式结构接头应先预热，再浇筑，在≥45℃条件下养护至75%设计强度。

5. 养护及质量检查：

（1）养护时间保证混凝土达到允许受冻强度；

（2）做好混凝土测温工作；

（3）增加两组同条件养护试件（检验冻前、转入常温28d时的混凝土强度）。

四、混凝土冬施方法的选择

1. 蓄热法。水与骨料加热＋水化热＋保温覆盖
(1) 原理：混凝土在冻结前达到受冻临界强度。
(2) 适用于：室外最低温度≮－15℃时的地下工程；表面系数（冷却面积/全部体积）≯15m^{-1}的结构。

2. 外加剂法。掺入抗冻、早强、催化、减水剂等单一或复合外加剂
(1) 原理：混凝土在负温下不冻结，继续硬化。
(2) 适用于：室外最低温度≮－15℃，初冬、早春。
(3) 注意：严格限制氯化物外加剂掺量。

3. 暖棚法（搭棚围护，棚内加热至≥5℃）
(1) 特点：同常温操作；费资耗能大。
(2) 适用：地下工程、混凝土集中的工程。

4. 加热养护法
(1) 特点：耗能多，费用高；混凝土强度增长快；
(2) 注意：严格控制升降温速度。
(3) 方法：
1) 蒸汽养护（汽套法、毛管法、内部通汽法）
要求：普通硅酸盐水泥≥85℃，矿渣水泥85～95℃；用低压（＜0.07MPa）饱和蒸汽。
2) 电热养护——电极法、电热器加热法（低强度时效果较好）。

第五章 预应力混凝土工程

第一节 概 述

1. 预应力混凝土:在混凝土结构或构件承受设计荷载前,预先对混凝土受拉区施加压应力,以抵消使用荷载作用下的部分拉应力。

2. 施加预应力的目的:
(1) 提高抗裂度;
(2) 提高构件的刚度;
(3) 充分发挥高强材料的作用;
(4) 把散件拼成整体。

3. 施加预应力的方法:利用钢筋的弹性,使受拉区钢筋对该区混凝土施加预压应力。

4. 预应力混凝土的施工方法:
(1) 按施工顺序分:先张法;后张法。
(2) 按预应力筋的张拉方法分:机械张拉(液压或电动螺杆);电热张拉。

第二节 先张法施工

一、工艺过程

张拉固定钢筋→浇混凝土(养护至75%强度)→放松钢筋。

二、适用于

构件厂生产中、小型构件(楼板、屋面板、吊车梁、薄腹梁等)

三、先张法施工的设备

(一) 台座

1. 要求:有足够的强度、刚度和稳定性;满足生产工艺的要求。

2. 形式:

(1) 墩式(传力墩、台面、横梁)。长度100~150m,适于中、小型构件。

(2) 槽式(传力柱、上下横梁、砖墙)。长 45～76m,适于双向预应力构件,易于蒸养。

(3) 钢模台座。

(二) 夹具

1. 锚固夹具:

(1) 锥形。齿板式、三槽式;

(2) 圆套筒两片式。锚固单根直径 12～14mm 预应力筋;

(3) 镦头锚具。带槽螺栓、梳子板。

用于冷拉筋(热镦),冷拔丝(热、冷镦),碳素钢丝(冷镦)。

镦头强度不低于材料强度的 98%,钢丝束长度差值 $\not> L/5000$、$\not> 5mm$。

2. 张拉夹具:偏心式、楔形。

(三) 张拉机械

1. 穿心式千斤顶:YC-20 型,最大拉力 20t,行程 200mm,适于直径 12～20mm 单根。

2. 电动螺杆:30～60t,行程 800mm,钢筋、钢丝。

3. 卷扬机。

四、先张法施工工艺

(一) 张拉预应力筋

1. 张拉程序:

$$0 \rightarrow 1.05\sigma_{con}(持荷 2min) \rightarrow \sigma_{con};$$

或

$$0 \rightarrow 1.03\sigma_{con}。$$

超张拉的目的是减少由于钢筋松弛造成的预应力损失。

2. 控制应力及最大应力见表 5-1。

先张法预应力筋张拉的控制应力及最大应力   表 5-1

预应力筋种类	σ_{con}	σ_{max}	备 注
碳素钢丝、刻痕钢丝、钢绞线	$0.75f_{ptk}$	$0.80f_{ptk}$	f_{ptk}:极限抗拉强度标准值
热处理钢筋、冷拔低碳钢丝	$0.7f_{ptk}$	$0.75f_{ptk}$	
冷拉钢筋	$0.9f_{pyk}$	$0.95f_{pyk}$	f_{pyk}:屈服强度标准值

3. 张拉要点:

(1) 采用应力控制方法张拉时,应校核预应力筋的伸长值。

实际伸长值比计算伸长值大 10% 或小 5% 时,应暂停张拉,进行调整后再拉。

计算伸长值:
$$\Delta L = \frac{F_p \cdot l}{A_p \cdot E_s}$$

式中 F_p——平均张拉力;

l——筋长；

A_p——截面积；

E_s——钢筋的弹性模量。

(2) 从台座中间向两侧进行(防止偏心而损坏台座)。

(3) 多根成组张拉，初应力应一致(用测力计抽查)。

(4) 张拉速度平稳，锚固松紧一致，设备缓慢放松。

(5) 拉完的预应力筋位置偏差≯5mm，且≯构件截面短边的 4%。

(6) 冬施张拉时，温度≮－15℃。

(7) 注意安全：两端严禁站人，敲击楔块不得过猛。

(二) 混凝土浇筑与养护

1. 混凝土一次浇完，混凝土≮C30。

2. 防止徐变和收缩：

(1) 选收缩小的水泥；

(2) 水灰比≯0.5；

(3) 级配良好；

(4) 振捣密实(特别是端部)。

3. 防止碰撞、踩踏钢丝。

4. 台座(非钢模)生产，采取二次升温养护，减少应力损失。

(三) 预应力筋放松

1. 条件：混凝土达到设计规定且≮75%强度标准值后。

2. 方法：锯断，剪断，熔断(仅限于 HPB235、HRB335、HRB400 级冷拉钢筋)。

3. 要点：

(1) 放张顺序：

1) 轴心受压构件同时放；

2) 偏心受压构件先同时放预压应力小区域的，再同时放大区域的；

3) 其他构件，应分阶段、对称、相互交错地放张。

(2) 注意：粗筋放张应缓慢(用砂箱法、楔块法、千斤顶法)。

第三节 后张法施工

一、工艺过程

浇筑混凝土结构或构件(留孔)→养护拆模→(达75%强度后)穿筋张拉→固定→孔道灌浆→(浆达 15N/mm²，混凝土达100%后)移动、吊装。

二、适用范围

大构件及结构的现场施工,如:构件制作,预制拼装,结构张拉。

三、特点

不需台座,但工序多、工艺复杂,锚具不能重复利用。

四、预应力筋、锚具和张拉机具

锚具按锚固性能分两类(表 5-2):

锚 具 类 别   表 5-2

锚 具 种 类	Ⅰ 类	Ⅱ 类
锚具效率系数	$\eta_a \geqslant 0.95$	$\eta_a \geqslant 0.9$
锚具极限拉力时的总应变	$\varepsilon_u \geqslant 2.0\%$	$\varepsilon_u \geqslant 1.7\%$

Ⅰ 类,用于承受动、静载的无粘结、有粘结的预应力混凝土;
Ⅱ 类,用于有粘结、预应力筋的应力变化不大的部位。

(一) 单根粗筋(直径 18~36mm)

1. 锚具

(1) 张拉端:螺丝端杆锚具。适用于 HRB335、HRB400 级直径 18~36mm 钢筋。

(2) 非张拉端:

1) 帮条锚具。适用于冷拉 HRB335、HRB400 级钢筋。

2) 镦头锚具。

2. 预应力筋制作

(1) 工序:下料→对焊→冷拉。

(2) 下料长度计算:

1) 当两端用螺丝端杆锚具时,

$$L = \frac{l + 2l_2 - 2l_1}{1 + \delta - r} + n\Delta$$

2) 当一端用螺杆、一端用帮条时,$L = \dfrac{l + l_2 - l_1 + l_3}{1 + \delta - r} + n\Delta$

式中 l——孔道长;

l_1——螺杆长(320mm);

l_2——螺杆外露长(120~150mm);

δ——冷拉率;

r——弹性回缩率(0.4~0.6%);

n——对焊接头个数;

Δ——每个接头压缩量(20~30mm);

l_3——帮条锚具长(70~80mm)。

3. 张拉设备

(1) 拉杆式千斤顶(YL-60);

(2) 穿心式千斤顶(YC-20、YC-60、YC-120)。

(二) 钢筋束、钢绞线束

1. 锚具

(1) 张拉端。

1) JM-12 型锚具:可锚 3～6 根直径 12 的 HRB500 级钢筋或钢绞线;

2) KT-Z 型锚具:可锚 3～6 根直径 12 的 HRB400、HRB500 级钢筋;

3) 单孔夹片式锚具:二片式、三夹片(直、斜开缝),锚钢绞线;

4) 多孔夹片式锚具:XM 型、QM 型、OV 型、BS 型等,锚钢绞线。

(2) 非张拉端。

1) 钢筋:镦头锚具(固定板)。

2) 钢绞线:挤压锚具。

2. 筋的制作

(1) 工序:冷拉→下料→编束。

(2) 下料长度:两端张拉——$L=l_0+2a$;

一端张拉——$L=l_0+a+b$

式中　l_0——孔道长;

　　　a——张拉端留量(600～850mm,由机具定);

　　　b——非张拉端外露长(80～100mm)。

3. 张拉设备

(1) 锥锚式千斤顶(YZ-60、YZ-85)。用于 KT-Z 及钢制锥形锚具;

(2) 穿心式千斤顶(YC-60)。用于 KT-Z 及 JM-12、JM-15 锚具;

(3) 大孔径穿心式千斤顶(YCD、YCQ、YCW 型)。用于大吨位钢绞线束(群锚)。

(三) 钢丝束

1. 锚具:

(1) 张拉端:

1) 锥形螺杆锚具(由锥形螺杆、套筒、螺母组成,锚 14～28 根 ϕ^b5 钢丝束等);

2) 钢质锥形锚具(由锚环、锚塞组成,锚 18 根以下 $\phi 5$ 钢丝);

3) 镦头锚具(DM_5A,锚 12～54 根 $\phi 5$ 钢丝)。

(2) 非张拉端:用镦头锚具(锚板),DM_5B。

2. 钢丝束制作:

(1) 工序:下料→编束→安锚具。

(2) 下料长度：用钢质锥形锚具时，同钢筋束；
用锥形螺杆锚具时——$L=l_0+2l_2-2l_1+2(100+20)+r$

式中　l_0——孔道长；

　　　l_2——螺杆外露长（120～150mm）；

　　　l_1——螺杆长（380mm）；

　　　r——下料后弹性回缩率。

(3) 下料：采取应力下料，控制应力取 $300N/mm^2$。

(4) 编束：

1) 测量直径，同束误差≯0.1mm；

2) 每隔 1m 编一道，成帘子状；

3) 每隔 1m 放一与螺杆直径一致的弹簧衬圈，绕衬圈成束、扎牢；

4) 锥形螺杆锚具需预紧（110%～130%）σ_{con}。

3. 张拉设备：锥锚式双作用千斤顶；拉杆式千斤顶；穿心式千斤顶。

五、后张法施工工艺

(一) 孔道留设

1. 要求：位置准确；

(1) 内壁光滑；

(2) 端部预埋钢板垂直于孔道轴线（中心线）；

(3) 直径、长度、形状满足设计要求。

2. 方法：

(1) 钢管抽芯法（≯29m 的直孔）：

1) 钢管应平直、光滑，用前刷油；

2) 每根长≯15m，每端伸出 500mm；

3) 两根接长，中间用木塞及套管连接；

4) 用钢筋井字架固定，@≯1m；

5) 浇混凝土后每 10～15min 转动一次；

6) 抽管时间为混凝土初凝后、终凝前；抽管次序先上后下，边转边拔。

(2) 胶管抽芯法（直线、曲线孔道）：

1) 5～7 层帆布夹层胶管或钢丝网胶管；

2) 钢筋井字架固定，@≯0.5m；

3) 一端封闭后充气或水（有足够壁厚者可不充），0.6～$0.8N/mm^2$，外径胀大 3～5mm；

4) 常温可 200h 后抽管；顺序：先上后下，先曲后直；

5) 曲线孔道曲峰处设泌水管。

第三节 后张法施工

(3) 埋管法(多用于结构上留孔,埋螺旋管,可先穿筋):
1) 不需抽出,但应密封良好,有一定轴向刚度,接头严密;
2) 井字架@≯0.8m;
3) 灌浆孔间距≯30m。

(二) 预应力筋张拉

1. 条件:
(1) 结构的混凝土强度符合设计要求或达75%强度标准值;
(2) 块体拼接者,立缝混凝土或砂浆符合设计,或≮块体混凝土强度的40%且≮15N/mm²。

2. 张拉控制应力和超张拉最大应力见表5-3:(比先张法均低$0.05f$)

后张法预应力筋张拉的控制应力及最大应力　　表5-3

预应力筋种类	σ_{con}	σ_{max}	备 注
碳素钢丝、刻痕钢丝、钢绞线	$0.7f_{ptk}$	$0.75f_{ptk}$	f_{ptk}:极限抗拉强度标准值
热处理钢筋、冷拔低碳钢丝	$0.65f_{ptk}$	$0.7f_{ptk}$	
冷 拉 钢 筋	$0.85f_{pyk}$	$0.9f_{pyk}$	f_{pyk}:屈服强度标准值

3. 张拉顺序:
(1) 配有多根钢筋或多束钢丝的构件,分批对称张拉;
(2) 叠浇构件,自上而下逐层张拉,逐层加大拉应力,但顶底相差≯5%或9%(硬、软)。

4. 张拉方式:
(1) 对抽芯法:
1) 长度≤24m直孔,一端张拉(多根筋时,张拉端设在结构两端);
2) 长度>24m直孔、曲线孔,两端张拉(一端锚固后,另一端补足再锚固)。
(2) 对埋螺旋管法:
1) 长度≤30m直孔,一端张拉;
2) 长度>30m直孔、曲线孔,两端张拉。

5. 张拉程序:与所用锚具有关,一般同先张法。

6. 张拉力计算:
$$N=(1+m)(\sigma_{con}+\alpha_E\sigma_{pc})A_r$$

式中　m——超张拉百分率;
　　　α_E——预应力筋与混凝土的弹性模量之比(E_s/E_c);
　　　σ_{con}——张拉控制应力;
　　　A_r——钢筋截面积;

σ_{pc}——后批张拉对本批筋重心处混凝土的法向应力。

$$\sigma_{pc} = \frac{(\sigma_{con} - \sigma_{l1}) \cdot A_p}{A_n}$$

式中 σ_{l1}——预应力筋第一批的应力损失(包括锚具变形和摩擦损失);

A_p——后批张拉的预应力筋的截面积;

A_n——构件混凝土的净截面面积(包括构件钢筋的折算面积)。

【例1】 一屋架有四根预应力筋,沿对角线分两批对称张拉,其程序为 $0 \rightarrow 1.05\sigma_{con}$(持荷2min)$\rightarrow \sigma_{con}$,已知预应力筋为直径22mm的三级冷拉钢筋($A_y = 380\text{mm}^2$),第二批张拉对第一批所造成的预应力损失 $\alpha_E \sigma_c = 24.3\text{N/mm}^2$,求各批筋的张拉力,并对张拉方案进行校核。

【解】

(1)第一批单根预应力筋的张拉力

$N_1 = 1.05(0.85 \times 500 + 24.3) \times 380 = 179271$ (N) $= 179.3$ (kN);

(2)第二批单根预应力筋的张拉力

$N_2 = 1.05 \times 0.85 \times 500 \times 380 = 169575$ (N) $= 169.6$ (kN)。

(3)最大张拉应力校核

该筋允许最大张拉应力为:$0.9 f_{pyk} = 0.9 \times 500 = 450$ (MPa),

第一批张拉应力最大,为:$1.05(0.85 \times 500 + 24.3) = 471.8$ (MPa)> 450 (MPa),

不符合规定。原定张拉方案不可行,宜采取二次张拉补足等方案。

答:略。

【例2】 一屋架拟采用后张法施工,混凝土为C40,$E_c = 3.25 \times 10^4\text{MPa}$;下弦净截面面积 $A_n = 64500\text{mm}^2$。下弦配有四根直径为25mm的冷拉HRB400级钢筋做预应力筋($f_{pyk} = 500\text{MPa}$,单根$A_p = 491\text{mm}^2$),钢筋的弹性模量 $E_s = 1.8 \times 10^5\text{MPa}$;按设计规范计算出第一批预应力损失 $\sigma_{l1} = 25.6\text{MPa}$。拟沿对角线分两批对称张拉,其程序为 $0 \rightarrow 1.03\sigma_{con}$,求各批单根钢筋的张拉力。

【解】

(1)第二批单根预应力筋的张拉力

$N_2 = (1+m)(\sigma_{con} + \alpha_E \sigma_{pc}) A_r$

$= (1+0.03) \times 0.85 \times 500 \times 491$

$= 214935$ (N) $= 214.9$ (kN)。

(2)第一批单根预应力筋的张拉力

① 预应力筋与混凝土的弹性模量比：
$$\alpha_E = E_s/E_c = 18/3.25 = 5.54$$
② 张拉第二批对第一批钢筋重心处混凝土的法向应力：
$$\sigma_{pc} = \frac{(\sigma_{con} - \sigma_{l1}) \cdot A_p}{A_n} = \frac{(0.85 \times 500 - 25.6) \times 2 \times 491}{64500} = 6.08 \text{ (MPa)}$$
③ 单根预应力筋的张拉力
$$\begin{aligned}N_2 &= (1+m)(\sigma_{con} + \alpha_E \sigma_{pc})A_r\\ &= (1+0.03) \times (0.85 \times 500 + 5.54 \times 6.08) \times 491\\ &= 231970 \text{ (N)} = 232.0 \text{ (kN)}\end{aligned}$$

答：略。

(三) 孔道灌浆

1. 目的：防止生锈；增加整体性。
2. 基本要求：饱满、密实，及早进行。
(1) 水泥≮32.5级的普通硅酸盐水泥；
(2) 水泥浆抗压强度≮30MPa；
(3) 水灰比0.4左右，不应大于0.45；
(4) 泌水率：拌后3h不宜大于2%，最大≯3%；
(5) 可掺无腐蚀性外加剂；
(6) 孔道湿润、洁净，由下层孔到上层孔进行灌注；
(7) 灌满孔道并封闭排气孔后，加压0.5～0.6MPa，稍后再封闭灌浆孔；
(8) 不掺外加剂时，可用二次灌浆法。

(四) 无粘结预应力混凝土施工工艺

1. 特点

无需留孔与灌浆，施工简单；张拉摩阻力小，预应力筋受力均匀；可做成多跨曲线状；构件整体性略差，锚固要求高。

2. 适用

现场整浇结构、较薄构件等（如梁板等）。

3. 无粘结筋的制作

(1) 钢丝束、钢绞线束外包涂料层：-20℃～+70℃不变脆，不侵蚀其他材料，稳定性好，防腐、润滑、不透水、不吸湿。
(2) 包裹层：塑料布或塑料管，0.7～1mm厚。

4. 存放

成盘立放，不挤压，不暴晒。

5. 铺设

(1) 条件。其他钢筋安装后进行。
(2) 顺序。纵横交叉者，先低后高。

(3) 就位固定。

1) 垫铁、马凳或与其他钢筋固定牢固,浇混凝土时不移位和变形;

2) 要保证位置准确;

3) 端部预埋锚垫板与筋垂直;

4) 内埋式固定端垫板不重叠,锚具与垫板贴紧。

6. 张拉

(1) 先用千斤顶抽动 1~2 次;

(2) 滑脱、断裂数量≯2%(同一截面总量的)。

7. 端部处理

(1) 目的:浇混凝土封闭锚具及钢筋,防止腐蚀、机械损伤,保证耐久性。

(2) 要求:

1) 预应力筋锚固后的外露部分采用机械方法切割;

2) 预应力筋的外露长度≮1.5 倍直径,且≮30mm;

3) 锚具的保护层厚度≮50mm;

4) 外露预应力筋的保护层厚度:正常环境≮20mm;易受腐蚀的环境≮50mm。

第六章　结构吊装工程

第一节　概　述

1. 结构吊装:将装配式结构的各构件用起重设备安装到设计位置上。
2. 施工特点：
① 受预制构件的类型和质量影响大。
② 机械选择最关键。取决于安装参数；决定了吊装方法与工期。
③ 构件受力变化多。需正确选择吊点；有时需验算强度、稳定性,并采取相应措施。
④ 高空作业多,工作面小,易发生事故,故需加强安全措施。

第二节　起重安装机械

一、桅杆式起重机
(一) 类型、构造及特点
1. 类型与构造:独脚拔杆、人字拔杆、牵缆式拔杆、悬臂拔杆（见演示图）。
2. 特点：
(1) 优点。制作简单、装拆方便；起重量、起重高度大（可自行设计）。
(2) 缺点。需较多缆风绳；移动困难,灵活性差；服务范围小。
(二) 独脚拔杆的计算
1. 内力分析:轴向压力；拔杆弯矩；底部水平力。
2. 拔杆截面验算。
3. 其他附件计算:卷扬机、滑轮组、钢丝绳、锚碇等。
二、自行杆式起重机
1. 优点:自身有行走装置,移位及转场方便；
　　　　操作灵活,使用方便,可 360°全回转。

2. 缺点:稳定性差,工作空间小(斜臂杆)。

(一) 类型、特点与型号:

1. 履带式:

(1) 优点。

1) 对场地、路面要求不高;

2) 可负重行驶;

3) 能 360°全回转,臂长可接。

(2) 缺点。行驶慢,对路面有破坏。

(3) 型号。W_1-50(10t)、W_1-100(15t)、W-200(50t)、QU20(20t)、QUY50(50t)。

2. 汽车式(起重机构装在汽车底盘上):

(1) 优点。

1) 行驶速度快,可上公路行驶;

2) 伸缩臂变化快;

(2) 缺点。

1) 吊装时必须用撑脚(支腿);

2) 不能负重行驶。

(3) 型号。Q_1-5、Q_2-8、QY-16、QY-32、NK-400(40t)、100t、160t 等。

3. 轮胎式(专门设计的,专用轮胎和特制底盘):

(1) 优点。

1) 轮胎行驶,速度较快;

2) 对路面破坏小;

3) 起重量小时可负重行驶。

(2) 缺点。

1) 对路面要求高;

2) 起重量大时必须用脚撑。

(3) 型号。QL_3-16、QL_3-25、QL_3-40。

(二) 主要技术性能参数

1. 起重量(Q):吊钩所能提起的荷载;

2. 起重高度(H):吊钩至停机面的高度;

3. 回转半径(R):吊钩中心至机械回转轴间的水平距离。

4. 三者关系:臂长 L 一定时,三个参数随臂的仰角变化而变化;

$R\uparrow:Q\downarrow$、$H\downarrow$;$R\downarrow:Q\uparrow$、$H\uparrow$。

参数可由技术参数表或起重性能曲线查出。

三、塔式起重机

1. 构造组成：

(1) 机构：行走机构、变幅机构、起升机构、回转机构、动力及操纵装置、安全装置；

(2) 结构：行走台车、塔身、塔帽、起重臂、平衡臂（平衡重）、驾驶室、压重仓。

2. 特点：

(1) 优点。

1) 起重臂安装位置高，故服务空间大；

2) 能最大限度地靠近建筑物；

3) 移动灵活，工效高；

4) 司机视野好，使用安全。

(2) 缺点。安装、拆卸及转场困难。

3. 类型：

(1) 按有无行走机构分，固定式、自行式（轨道、轮胎）；

(2) 按回转部位分，上回转、下回转；

(3) 按变幅方法分，动臂变幅、小车变幅；

(4) 按升高方式分，内爬式、附着自升式；

(5) 按起重能力分，轻型 0.5～5t、中型 5～15t、重型 15～40t。

4. 性能参数：见表 6-1，主要是起重量 Q、起重高度 H、回转半径（幅度）R、起重力矩。

5. 几种塔吊：

(1) 轨行式：（见演示图）

1) 型号：

几种轨行式塔吊的性能参数　　　　表 6-1

型　号	Q	R	H	M	轨距	备　　注
QT16	10～20kN	16～8m	17.2～28.3m	160kNm	2.8m	下回转，轻型，可折叠运输
QT80A	15～80kN	50～12.5m	45.5m	1000kNm	5×5m	上回转，小车变幅，可自升，附着时起重高度120m
QTZ120	22～80kN	50～16.5m	50m	1200kNm	6×6m	上回转，小车变幅，可自升，附着时起重高度120m
FO/23B	23～100	50～14.5m	61.6m	1450kNm	6×6m	上回转，小车变幅，可自升，附着时起重高度203.8m

2) 特点：使用灵活，服务范围大。

3) 适用：长度大、进深小的多层建筑。

(2) 爬升式：

安装于建筑物内(电梯井、框架梁),利用套架、托梁随结构升高上爬。

1) 型号:

① QT_5-4/40 型(钢丝绳爬升),Q:4t;M:40t·m;R:11～20m;H:110m。

② 80HC、120HC 型、QT-100(液压爬升)。

2) 爬升过程:固定下支座→提升套架→固定套架→下支座脱空→提升塔身→固定下支座(见演示图)。

3) 特点:

起升高度大(受卷扬机容绳量限制);

控制范围大,占用场地小;

拆除时较困难。

(3) 附着式自升塔:

1) 型号:QTZ-100,最大自由高度 50m,40m 以上每 20m 用附着臂锚固于建筑物。

2) 性能(见表 6-2):

QTZ-100 塔吊不同臂长时的性能 表 6-2

| 臂长 54m | 起重幅度 3～54m | 起重量 8～1.69t | 起重高度:独立式时 |
| 臂长 60m | 起重幅度 3～60m | 起重量 8～1.2t | 50m,附着式时 120m |

3) 自升过程:(见演示图)。

6. 塔吊的安装:

(1) 整体安装;

(2) 逐节安装(QTZ-100,FO/23B);

(3) 折叠式的安装(QT16)。

四、卷扬机(快速、慢速、调速,单筒、双筒)

1. 性能:牵引力 5～50kN,电磁制动式。

2. 卷扬机安装要求:

1) 位置:

① 司机视线好、地势高处;

② 距起吊处≤15m(安全距离);

③ 司机视仰角≥45°;

④ 距前面第一个导向滑轮≤20 倍卷筒长(防乱绳);

⑤ 钢丝绳尽量不穿越道路。

2) 钢丝绳从卷筒下绕入,卷筒上存绳量不少于 4 圈。

3) 固定要牢固(见演示图)。

五、滑轮组

1. 钢丝绳跑头拉力 T:

$$T = K'Q$$

式中 Q——计算荷载；

K'——滑轮组省力系数。

当钢丝绳从定滑轮绕出时：$K' = \dfrac{f^n(f-1)}{f^n-1}$

当钢丝绳从动滑轮绕出时：$K' = \dfrac{f^{n-1}(f-1)}{f^n-1}$

2. 使用注意：

(1) 滑轮直径和轮槽直径与绳配套；

(2) 查明荷载，检查有无损伤；

(3) 定、动滑轮间距≮2～3.5m。

六、钢丝绳

1. 类型：

按丝成股和股成绳的捻绕方向分为：

(1) 交互捻。不易松散和扭转，宜作起吊绳，但挠性差；

(2) 同向捻。挠性好，表面光滑，磨损小，但易松散和扭转，不宜用于悬吊重物；

(3) 混合捻。性能介于前两种之间，制作复杂，用得少。

按钢丝数分为：6×19，6×37，6×61（股数×每股丝数）。

2. 容许拉力：

$$S \leqslant \dfrac{P}{K} = \dfrac{R \cdot \alpha}{K}$$

式中 P——绳破断拉力；

R——钢丝绳的钢丝破断拉力总和；

α——受力不均匀系数（6×19 者 0.85，6×37 者 0.82，6×61者 0.8）；

K——安全系数（缆风钢丝绳 $K=3.5$；起重钢丝绳 $K=5\sim6$；捆绑吊索 $8\sim10$）。

3. 使用注意：

(1) 滑轮直径 $D=10\sim12d$，(d——绳径)；

(2) 轮槽直径 $B=d+1\sim2.5$mm；

(3) 定期加油(≮4个月一次)；

(4) 存放时应成盘竖立，存于库房内，不得重压；

(5) 定期检查磨损、锈蚀、断丝等状况；

(6) 达到报废标准必须报废。

七、锚碇

1. 桩式：

(1) 承载能力：
单排（$P=1\sim 3t$）；
双排（$P=3\sim 5t$）；
三排（$P=6\sim 10t$）。
(2) 设置方式：打入式，埋入式。
2. 水平：
(1) 承载力及构造应经设计计算确定；
埋深一般 $1.5\sim 3.5m$；
当 $P>7.5t$ 时，需加压板；
当 $P>15t$ 时，需立板栅。
(2) 注意：
1) 锚碇不得反向使用；
2) 锚碇前 $2.5m$ 内无坑槽；
3) 周围高出地坪，防止浸泡；
4) 原有的或放置时间较长的应经试拉后再用。

第三节　钢筋混凝土单层厂房结构吊装

单层厂房施工一般是：基础现浇；
吊车梁、连系梁、地梁、天窗架、屋面板工厂预制；
柱、屋架在现场地面预制。

一、吊装前的准备

1. 清理场地，铺设道路
(1) 事先标出机械开行路线、构件堆放位置；
(2) 清理场地；
(3) 平整压实道路，松软土铺枕木、厚钢板，雨期排水。
2. 清理检查构件
(1) 混凝土强度：≮设计要求，≮75%设计强度，孔道灌浆≮$15N/mm^2$。
(2) 外观：
1) 构件外形、尺寸、侧弯；
2) 预埋件位置和尺寸；
3) 表面有无损伤、缺陷、变形；
4) 吊环规格和位置。
3. 构件弹线和编号
(1) 弹安装中心线、准线；
(2) 按图编号，并注明上下左右的位置、方向。

第三节 钢筋混凝土单层厂房结构吊装

4. 杯基准备
(1) 检查杯口的尺寸并弹线；
(2) 杯底抄平,保证各柱牛腿顶面标高一致。
5. 构件运输与堆放。
6. 构件的拼装与加固：如屋架、天窗架。
7. 料具的准备：吊装机具,焊接机具,竹梯,挂梯,钢、木楔及垫片。

二、构件吊装工艺

工艺过程：绑扎→起吊→就位→临时固定→校正→最后固定。

(一) 柱

1. 绑扎
(1) 绑扎点数：
① 一点绑扎：
用于中小型柱(<13t)；
绑扎点在牛腿根部(实心处,否则加方木垫平)。
② 两点绑扎：用于重型柱或配筋少的细长柱(抗风柱)；
③ 三点绑扎：用于重型柱,双机抬吊。
两、三点绑扎须计算确定位置,合力作用点应高于柱重心。
(2) 绑扎方法：
① 斜吊绑扎法：
不需翻身,起重高度小；
起吊后对位困难；
② 直吊绑扎法：
翻身后两侧吊,不易开裂,易对位；
但需吊梁,吊索长,起重高度大。
2. 起吊(单机吊装)：
(1) 旋转法：起重机边升钩边转臂,柱脚不动而立起,吊离地面后,转臂使柱脚插入杯口。
1) 柱布置要点：
柱脚靠近基础；
绑扎点、柱脚中心、杯口中心三点共弧。
2) 常用此方法。
(2) 滑行法：起重机只升钩不转臂,柱脚向前滑动而立起,转臂使柱脚插入杯口。
1) 柱布置要点：
① 绑扎点靠近基础；
② 绑扎点与杯口中心两点共弧。

③ 吊装时柱脚下设滚木,柱免受振动。

2) 适用于:

① 柱重、长,起重机回转半径不足;

② 场地紧,无法按旋转法排放;

③ 使用桅杆式起重机。

3. 就位与临时固定:

(1) 柱插入杯口,距底 30～50mm 时,插入 8 个楔子,对位、打紧、落钩,用石块卡住柱脚;

(2) 高、重柱用缆风绳拉住。

4. 校正:

主要是垂直度,用两台经纬仪观测。

(1) 校正方法:

1) 敲打楔子法:柱绕柱脚转动(10t 以下柱);

2) 敲打钢钎法:柱脚绕楔子转动(25t 以下柱);

3) 撑杆校正法:用钢管校正器(10t 以下柱);

4) 千斤顶平顶法(30t 以内柱)。

(2) 注意:

1) 先校偏差大的面;

2) 楔可松不可拔出;

3) 柱高＞10m 时需考虑阳光照射温差的影响。

5. 最后固定(校正后立即进行):

(1) 清理湿润,柱脚下空隙大者先灌一层砂浆或流动性好的嵌缝材料;

(2) 分两次灌豆石混凝土(强度等级比构件提高一级):第一次至楔下;达 25％后拔楔,第二次灌满。

(3) 第二次灌的混凝土达 75％强度后,方可安上部构件。

(二) 吊车梁

(1) 柱杯口灌缝混凝土达到 75％强度后进行;

(2) 两点绑扎,水平起吊,两端设拉绳;

(3) 就位时用垫铁垫平,一般不需临时固定;

(4) 校正应待屋架安完后,拉通线校位置,靠尺检查垂直度,砂浆找平表面再铺轨;

(5) 固定。预埋铁件焊牢,接头处支模浇细石混凝土。

(三) 屋架

1. 先全部翻身扶直就位,再吊装。

扶直:正向扶直;反向扶直。

要点:吊索面与水平面夹角∠60°,加垫木垛,端头拉住,立于便于吊装的位置。
2. 绑扎(按设计要求点数与位置)：
(1) 位置：上弦结点或其附近。
(2) 方法：
1) 跨度<18m,两点绑扎；
2) 跨度 18～30m,四点绑扎；
3) 跨度>30m,应使用铁扁担。
(3) 注意：吊索与水平面夹角≮45°。
3. 吊升、就位与临时固定：
(1) 吊升保持水平,至柱顶以上用拉绳旋转对位。
(2) 临时固定：
1) 第一榀用四根缆风绳系于上弦,拉住或与抗风柱连接；
2) 第二榀以后用工具式支撑(校正器)与前榀连接。
4. 校正、最后固定：
(1) 校正。
1) 用线锤或经纬仪检查,使上弦三点木尺在同一垂直面内；
2) 校正器调整并垫薄钢片；
3) 垂直度偏差≯$\dfrac{1}{250}$屋架高度。
(2) 固定。用电焊对角同时施焊。

(四) 屋面板
1. 安装顺序：自两边檐口对称向屋脊。
2. 绑扎起吊：
(1) 埋有吊环,带钩吊索勾住；
(2) 四绳拉力相等,保持水平；
(3) 可一机多吊,$\alpha \not< 45°$。
3. 固定：对位后,焊接固定；
每间除最后一块板外,每块与屋架上弦焊接不少于 3 点。

三、结构吊装方案
(一) 起重机的选择
1. 选择的内容：
(1) 类型。常用履带式；
(2) 型号。据构件尺寸、重量、安装位置,计算出所需参数后选择；
(3) 数量。据工程量、工期、施工定额确定。
2. 所需起重参数的计算：
(1) 起重量： $Q \geqslant q_1 + q_2$

式中　q_1——构件重；
　　　q_2——索具重。
（2）起重高度：　$H = h_1 + h_2 + h_3 + h_4$
式中　h_1——停机面至安装支座高度；
　　　h_2——安装间隙（≮0.3m）或安全距离（≮2.5m）；
　　　h_3——绑扎点至构件底面尺寸；
　　　h_4——吊索高度。
（3）起重半径 R：
1）当 R 受场地、安装位置限制时，先定 R 再选能满足 Q、H 要求的机械；
2）当 R 不受限制时，据所需 Q、H 选机型后，查出相应允许的 R。
（4）最小臂杆长度：
起重杆跨过已安装好的结构去吊装构件时，需计算。

1）数解法：　$L = L_1 + l_2 = \dfrac{h}{\sin\alpha} + \dfrac{a+g}{\cos\alpha}$

令其微分得"0"：

$\dfrac{dL}{d\alpha} = \dfrac{-h\cos\alpha}{\sin^2\alpha} + \dfrac{(a+g)\cdot\sin\alpha}{\cos^2\alpha}$，　得：$\dfrac{h}{a+g} = \dfrac{\sin^3\alpha}{\cos^3\alpha} = \text{tg}^3\alpha$

$\therefore \alpha = \text{arctg}\sqrt[3]{\dfrac{h}{a+g}}$ 时，

则有：　$L_{\min} = \dfrac{h}{\sin\alpha} + \dfrac{a+g}{\cos\alpha}$

选出 L 后，$R = F + L\cos\alpha$

2）图解法：初选某种机械后画出 E 高度水平线（见演示图）；

3. 起重机型号及臂长的确定：
（1）根据：
1）吊柱计算。最重柱 Q、H，最高柱 Q、H；
2）吊屋架计算。Q、H；
3）吊屋面板计算。最高一块 Q、H，最远一块 Q、H。
（2）按每组参数选定机械型号及臂长，查出所对应的 R 及 $R_{\min}$。
（若所有构件采用一台机械，则各组参数应同时满足）

4. 起重机数量：$N = \dfrac{1}{T \cdot C \cdot K} \Sigma \dfrac{Q_i}{S_i}$

式中　T——工期；
　　　C——班制；
　　　K——时间利用系数（0.8～0.9）；
　　　Q_i——工程量；

第三节　钢筋混凝土单层厂房结构吊装

S_i——产量定额。

(二) 结构吊装方法：

1. **分件吊装法**：一种类型的构件吊完后再吊另一种类型的构件。

(1) 第一次开行——柱；

(2) 第二次开行——地梁、吊车梁、连梁；

(3) 第三次开行——屋盖系统。

此种吊装法是常用方法。

2. **综合吊装法**：一个节间全部吊装完后再吊下一个节间。

主要用于已安装了大型设备等，不便于起重机多次开行的工程，或要求某些房间先行交工等。

3. 两法比较见表 6-3。

分件吊装法与综合吊装法比较　　　　表 6-3

吊装方法	分件吊装法	综合吊装法
优　点	机械灵活选用	停机次数少，开行路线短
	校正、固定时间充裕，质量高	利于大型设备安装（先安）
	索具更换少，工人熟，工效高	后续工程可紧跟，局部早用
	现场不拥挤	
缺　点	装饰、围护晚	现场紧张
	开行路线长	机械不经济
		校正及固定时间紧迫
		工效低，质量控制难

(三) 构件的平面布置

1. 构件预制的平面布置：

(1) 布置应注意的问题

① 尽量在本跨内预制；

② 应满足吊装工艺的要求（减少起重机负重行驶、起重杆起伏）；

③ 便于支模和浇混凝土及预应力施工；

④ 少占地，道路通畅，起重机回转不碰撞构件；

⑤ 注意构件安装方向及扶直次序；

⑥ 预制场地坚实（填土需夯实，垫通长木板）。

(2) 柱子布置：

布置位置：跨内、跨外；　　　方向：斜向、纵向、横向；

预制层数：单层制作、两层叠制。

1) 斜向布置（占地较多，起吊方便，常用）：

① 采用旋转法吊装，柱脚靠近杯口，三点共弧（S、K、M）；

② 采用滑行法吊装,吊点靠近杯口,两点共弧。

布置步骤：

a. 确定机械开行路线,$R_{min} \leqslant L \leqslant R_{选}$；

b. 确定吊柱停机点,$M \rightarrow R_{选} \rightarrow O, O \rightarrow R_{选} \rightarrow SKM$ 弧；

c. 确定预制位置,A、B、C、D 尺寸(见演示图)。

2) 纵向布置(用于滑行法吊装,占地少,制作方便,起吊不便)：

布置步骤：

a. 确定机械开行路线,$R_{min} \leqslant L \leqslant R_{选}$；

b. 确定吊柱停机点,两柱基中间垂线上；

c. 确定预制位置,平行、叠制(见演示图)。

(3) 屋架的布置：

1) 位置：跨内；

2) 方向：正面斜向；正反斜向；正反纵向(见演示图)；

3) 预制层数：3～4 榀平卧叠制；

4) 注意：

① 斜向布置时,下弦与纵轴线夹角 10°～20°；

② 预应力屋架,两端均应留出抽管、穿筋、张拉操作场地 $\left(\dfrac{L}{2} + 3m\right)$；

③ 每两垛之间留 ≮ 1m 间隙；

④ 每垛先扶直者放于上面,放置方向及埋件位置要正确(标出轴号、端号)。

2. 吊装前的布置：

(1) 柱：就地起吊。

(2) 屋架：扶直后靠柱边布置(立放)。

1) 方向——斜向堆放、纵向堆放。

2) 要求——构件间距 ≮ 200,支撑牢固,防止倾倒。

① 斜向布置：

步骤：

a. 确定吊装屋架时的开行路线及停机点；

b. 确定屋架布置范围；

c. 确定屋架布置位置。

② 纵向布置：

a. 需起重机负重行驶,占地少；

b. 4～5 榀为一组,靠柱边纵向布置；

c. 每组最后一榀中心距前一榀安装轴线 ≮ 2m。

(3) 吊车梁、连系梁：在柱列附近，跨内或跨外。
(4) 屋面板、天窗架、支撑：
1) 放于屋架对面柱边；
2) 屋面板 6～8 块一垛，跨内布置退后 3～4 个节间，跨外布置退后 2～3 个节间；
3) 距开行路线中心 $\leqslant A+0.5\mathrm{m}$。

第四节 多层房屋结构吊装

一、多层房屋划分
按功能有：多层厂房、多层民用建筑；
按结构有：装配式框架结构（有梁或无梁）、装配式墙板结构。

二、吊装机械的选择与布置
1. 选择依据：
(1) 建筑物层数和总高；
(2) 建筑物平面形状与尺寸；
(3) 构件尺寸、重量、安装位置；
(4) 工期要求；
(5) 场地情况；
(6) 现有机械情况。
2. 要求：
(1) 满足施工工艺要求；
(2) 有获得的可能性；
(3) 经济效益好，技术先进。
3. 吊装机械选择与布置
(1) 自行杆式：
1) 用于 4～5 层以下的框架结构。
2) 布置，可跨内开行或跨外开行。计算同前。
(2) 塔式：
1) 布置：跨内（少用）；
　　　　 跨外单侧：$R \geqslant a+b$（见演示图），
　　　　 跨外双侧：$R \geqslant a+\dfrac{b}{2}$（两台时起重臂高差 $\leqslant 5\mathrm{m}$）。
2) 型号选择：
a. 分别找出不同部位的起重量 Q_i 及所对应的 R_i；找出 $M_{\max}$。
b. 选机械：$M \geqslant M_{\max}$，$R \geqslant R_{\max}$，且 $H \geqslant h_1+h_2+h_3+h_4$。（$h_2$

$=2.5\text{m}$)。

c. 验算。

三、吊装方法与次序

1. 方法：

1) 分件吊装法。常用于塔吊的跨外开行；

2) 综合吊装法。常用于自行式的跨内开行(见演示图)。

2. 构件安装顺序：

(1) 原则：

1) 尽快使已安结构稳定(逐间封闭)；

2) 满足结构构造要求(先标高低的梁)；

3) 施工效率高(开行路线短,少换索具、少动臂)；

4) 满足技术间歇要求(灌浆强度)。

(2) 分件吊装(见演示图)：

1) 分层大流水：第一层全部柱→第一层全部梁→全部板→第二层重复；

2) 分层分段流水：第一层一段柱→梁→第一层二段柱→梁→第一层一段、二段板等。

(3) 综合吊装(见演示图)：

1) 柱分层制作：一层第一间柱、梁、板→第二节间→第二层第一间。

2) 柱整根制作：第一节间柱→第一层梁、板→第二层梁、板→第二节间。

四、构件布置

1. 跨内布置:综合吊装法;跨外布置——分件吊装法。

2. 布置方向:可纵向、斜向、横向。

3. 原则：

(1) 重近轻远；

(2) 避免二次搬运；

(3) 减少吊运距离；

(4) 分类、分型号单独存放。

五、结构吊装

(1) 柱子钢筋加套管保护；

(2) 吊装位置准确,校正后及时焊接并对称等速施焊；

(3) 接头混凝土强度提高一级,防止开裂(捻缝处理)；

(4) 接头方法:榫接、浆锚、整体式；

(5) 柱根处接头混凝土强度达到75%后吊上一层。

第五节 网架结构吊装

网架安装方法：

1. 高空散装法。常用于螺栓球节点网架。
2. 整体吊装法。
(1) 就地错位拼装,起重机吊装就位;
(2) 大型网架:常用桅杆式起重机;
(3) 中小型网架:常用自行杆式起重机。
3. 分条、分块吊装法。把网架分成条状或块状单元,分别吊装就位,拼成整体。
4. 高空滑移法。局部搭架子,逐条拼装,每条支座下设置滚轮或滑板,拖动使其在预埋轨道上滑动就位。
5. 整体提升法。利用提升设备,整体提升到位。

升梁抬网法;升网提模法;滑模升网法。

6. 整体顶升法。拼装后,利用结构柱或专用支架,通过千斤顶逐步顶升至设计位置。

第七章 防水工程

第一节 概　　述

1. 特点：防水是非常重要的工程，影响建筑物寿命和功能发挥。
2. 部位：地下、屋面、墙面、楼地面。
3. 发展：新型高中档材料占据主导地位；主要为：
改性沥青、合成高分子卷材；聚氨酯涂膜、有机硅涂膜；混凝土微膨胀剂。
4. 管理：设计、施工专业化，有方案；材料限制；构造加强。

第二节　地下防水

一、概述

(一) 施工原则

1. 杜绝防水层对水的吸附和毛细渗透；
2. 接缝严密，形成封闭的整体；
3. 消除所留孔洞造成的渗漏；
4. 防止不均匀沉降而拉裂防水层；
5. 防水层做至可能渗漏范围以外。

(二) 施工特点

1. 质量要求高：长期水压作用下不渗、不漏；
2. 施工条件差：坑内、露天、地上地下水；
3. 材料品种多，质量、性能不统一；
4. 成品保护难：施工期长，材料薄，强度低；
5. 薄弱部位多：变形缝、施工缝、后浇缝、穿墙管、螺栓、预埋件、预留洞、阴阳角。

(三) 主要做法（见演示图）

1. 防水混凝土结构自防水（普通防水混凝土、外加剂防水混凝土）。
2. 附加防水层：

(1) 卷材防水层：
① 油毡（SBS、APP）；
② 橡胶（三元乙丙、氯丁）；
③ 塑料（氯化聚乙烯、聚氯乙烯）；
④ 橡塑（氯化聚乙烯—橡胶共混）。
(2) 涂膜防水层：橡胶、树脂、改性沥青、沥青、水泥类。
(3) 防水砂浆抹面：防水剂、膨胀剂……。

二、防水混凝土施工

（一）防水混凝土抗渗等级

1. 设计抗渗等级：按埋置深度确定，最低不得小于 P6（抗渗压力 0.6MPa），见表 7-1。

防水混凝土抗渗等级的确定　　　　表 7-1

工程埋置深度(m)	<10	10～20	20～30	30～40
设计抗渗等级	P6	P8	P10	P12

2. 配制试验等级：比设计抗渗等级提高 0.2MPa。
3. 施工检验等级：不得低于设计抗渗等级。

（二）防水混凝土的种类：

1. 普通防水混凝土：

通过降低水灰比（毛细孔少、细），增加水泥用量和砂率（包裹粗骨料），石子粒径小（减少沉降差）及精细施工提高混凝土的密实性。

2. 外加剂防水混凝土：

(1) 减水剂防水混凝土：

1) 掺木质素磺酸钙、磺酸钠盐、糖蜜类（0.2%～0.5%）。

2) 防水机理：减少用水量，毛细孔少；水泥分散均匀，孔径、空隙率小。

(2) 密实剂防水混凝土：

1) 三乙醇胺（掺量 0.05%）；

2) 防水机理：水化物增多，结晶变细。

(3) 引气剂防水混凝土：

1) 松香酸钠（掺量 0.03%）；

2) 防水机理：密闭气泡阻塞毛细孔。

(4) 防水剂防水混凝土：

1) 氯化铁防水剂（掺量 3%）；

2) 防水机理：产生氢氧化铁、氢氧化亚铁、氢氧化铝凝胶体填充毛细孔。

(5) 膨胀剂防水混凝土：

1) UEA(10%～12%)；FS防水剂(6%～8%)；明矾石(15%)可达P30～P40,内掺——可替代等量水泥；

2) 膨胀源：

水化硫铝酸钙(钙矾石)——$Al_2O_3 \cdot 3CaSO_4 \cdot 32H_2O$

氢氧化钙——$Ca(OH)_2$，氢氧化镁——$Mg(OH)_2$

3) 防水机理：

补偿收缩，防止化学收缩和干缩裂缝，混凝土密实

(限制膨胀率$2/10^4$～$4/10^4$,膨胀应力0.2～0.7MPa)。

(三) 对防水混凝土的要求

1. 构造要求：

(1) 防水混凝土壁厚≮250mm,裂缝宽≯0.2mm,强度等级≮C20；

(2) 垫层厚≮100mm,C10以上；

(3) 迎水面钢筋的保护层厚≮50mm；

(4) 表面温度≯80℃,不得用于受剧烈振动或冲击的结构。

2. 配制要求：

(1) 材料：水泥。32.5级以上普通硅酸盐水泥，用量一般≮320kg/m³(掺活性掺和料时≮280kg/m³)；

骨料。中砂，含泥量≯3%,砂率35%～45%；

石子粒径5～40mm,含泥量≯1%；

(2) 灰砂比：1：2～2.5；

(3) 水灰比：≯0.55；

(4) 坍落度：≯50mm,泵送宜为100～140mm。

(四) 防水薄弱部位处理

1. 混凝土施工缝

防水混凝土宜整体连续浇筑，尽量少留施工缝。

(1) 留设位置：

1) 底板、顶板应连续浇筑；

2) 墙体：

① 水平施工缝：

可留在底板表面以上≮300mm处、顶板以下≮100mm的墙身上；施工缝距孔洞边缘≮300mm。

② 垂直施工缝：

避开水多地段，宜与变形缝结合。

(2) 施工缝形式(见演示图)：

1) 平缝加止水板；

2) 平缝加遇水膨胀止水条；

3) 平缝外贴防水层(宽度：止水带≥300mm；刷防水涂料400mm；抹防水砂浆400mm)。

(3) 留缝及接缝要点：

1) 位置正确，构造合理；

2) 止水板、条接缝严密，固定牢靠(止水板焊接，止水条自粘或加射钉)；

3) 原浇混凝土达到1.2MPa后方可接缝；

4) 接缝前凿毛、清理(粘固止水条：缓胀性——7d膨胀率≯最终膨胀率的60%)；

5) 接缝时垂直缝先涂刷界面处理剂，及时浇混凝土；水平缝先垫30～50mm厚1:1砂浆或界面处理剂，浇混凝土层厚≯500mm，捣实。

2. 结构变形缝(沉降、伸缩，宽度20～30mm)

构造形式和材料作法：

(1) 加止水带(外贴式、中埋式、可卸式)。

(2) 构造：据结构变形情况、水压大小、防水等级确定。

(3) 变形缝的施工要点：

1) 止水带安装。

① 位置准确、固定牢固(见演示图)；

② 接头在水压小的平面处，宜用加热未硫化橡胶焊接；

③ 转弯处半径≮75mm，可卸式底部座浆5mm或涂刷胶粘剂。

2) 混凝土施工：

① 止水带两侧不得粗骨料集中，牢固结合；

② 平面止水带下浇筑密实，排除空气；

③ 振捣棒不得触动止水带。

3. 后浇带

是大面积混凝土结构的刚性接缝，用于不允许留柔性变形缝且后期变形趋于稳定的结构。

(1) 留设形式与要求：要求钢筋不断，边缘密实，断口垂直(见演示图)。

(2) 补缝施工要点：

1) 间隔时间≮6周，气温较低时施工；

2) 接口处凿毛、湿润，除锈，清理干净；

3) 做结合层后，浇补偿收缩混凝土(掺UEA12%～15%)，振捣密实；

4) 4～8h 后养护，≮4 周。

4. 穿墙管道（见演示图）

（1）固定管：

1）外焊止水钢板；

2）粘贴遇水膨胀橡胶圈。

（2）预埋焊有止水板的套管：

1）穿管临时固定后，外侧填塞油麻丝等填缝材料，用防水密封膏等嵌缝；

2）里侧填入两个橡胶圈，并用带法兰的短管挤紧，螺栓固定。

5. 穿墙螺栓

防水混凝土墙体支模时尽量不用穿墙对拉螺栓，否则采取止水措施。

（1）止水方法：焊接方形钢板止水环（见演示图）；

（2）封头处理：拆模后，螺栓周围剔出（或预留）凹坑（20～50mm 深），割除穿墙螺栓头（或旋出工具式螺栓及圆台形螺母），坑内封堵 1∶2 膨胀砂浆，硬化后迎水面刷防水涂料。

（五）防水混凝土施工要求

1. 做好施工准备

（1）编制施工方案：

1）浇筑顺序：底板→底层墙体→底层顶板→墙体……

2）浇筑方案：底板，分区段分层；墙体，水平分层交圈。

3）每小时浇筑量；机械道路布置；人员安排；应急措施。

（2）混凝土试配：保证强度、抗渗等级及施工和易性。

（3）做好薄弱部位的处理。

（4）做好排降水工作：地下水位低于施工底面≮300mm，雨水不流入基坑。

（5）人员分工与技术交底。

2. 施工要点

（1）模板：强度、刚度高，表面平整，吸水性小，支撑牢固，安装严密，清理干净。

（2）钢筋：保护层用垫块同混凝土；支架、S 钩、连接点、设备管件均不得接触模板或垫层。

（3）混凝土搅拌：

1）配料准确，水泥、水、外加剂、掺合料≯±1%，砂石≯±2%；

2）搅拌均匀，≮2min；

3）有外加剂时应按其要求加入、拌制。

(4) 混凝土运输：

1) 防止分层离析和坍落度损失；

2) 气温高、运距大时可掺入缓凝型减水剂；

3) 时间≯30min。

(5) 混凝土浇筑：

1) 做好浇筑前准备：检查钢筋、模板、埋件、薄弱部位处理。

2) 自由下落高度≯1.5m，墙体直接浇筑高度≯3m，否则用串筒、溜管。

3) 钢筋、管道密集处，用同强度等级细石混凝土。

4) 分层浇捣，每层厚≯300～400mm，上下层间隔≯1.5h且不初凝。

5) 墙体底部先垫浆，往上逐渐减少坍落度，顶面撒石子压入。

6) 振捣密实，不漏振，不欠振，不过振，插入下层50～100mm。

(6) 养护与拆模：

1) 混凝土终凝(浇后 4～6h)后开始养护，≮14d，避免早期脱水；

2) 冬施入模温度≮5℃，不宜蒸汽加热养护；

3) 拆模不宜过早，防止开裂和损坏。

(六) 抗渗性能评定

1. 留试块：

1) 连续浇筑混凝土每 500m³ 留一组，每项工程不少于两组；

2) 每组六块(ϕ175～185×150mm 圆台体)；

2. 标养：抗渗等级应达到试验等级，最低不低于设计等级。

三、卷材防水层施工

(一) 施工准备

1. 材料准备

(1) 按设计要求的品种、规格、性能购置；

(2) 进场应检查外观质量、合格证、质检报告，并取样复检。

2. 机具

喷灯、压辊、搅拌器、刷子等。

3. 基层处理

(1) 对基层的要求：平整、牢固、清洁、干燥。

(2) 处理方法：

1) 抹水泥砂浆：可掺 UEA 等膨胀剂(10%～12%)以防裂，掺无机铝盐防水剂(5%～10%)以求快干；角部抹成圆弧，油毡防水 R≮50mm，其他≮20mm，以防折断。

2) 养护、干燥：养护，防裂；

再干燥至含水率≯9%(测试：1m×1m卷材，3～4h，无水印)。

第七章 防水工程

3）喷刷基层处理剂：基层处理剂与卷材及胶粘剂的材性相容（如 SBS 改性沥青涂料；聚氨酯底胶）；喷、涂均匀不漏底。

（二）施工方法

1．施工顺序与构造要求

（1）外贴法：墙体结构→防水→保护（先底后立面）；

特点：结构及防水层质量易检查，槽宽大，工期长。

（2）内贴法：垫层、保护墙→防水层→底板及结构墙（先立面后平面）；

特点：槽宽小，省模板；损坏无法检查，可靠性差，内侧模板不好固定。

适用于：场地小，无法使用外贴法的情况下。

（3）构造要求：

1）搭接长度≮100；上下层错缝 1/3～1/2 幅宽。

2）不同材料、不同防水等级，层数、厚度不同：

① 合成高分子卷材，单层厚≮1.5mm，双层总厚≮2.4mm；

② 高聚物改性沥青卷材，单层厚≮4mm，双层总厚≮2×3mm。

2．防水层施工

（1）工艺顺序：

基面处理→涂布基层处理剂→细部增强→铺第一层卷材→（铺第二层卷材）→接缝处理→保护层。

（2）粘贴方法：

1）高聚物改性沥青卷材铺贴（施工温度≮10℃）：

① 热熔法。喷灯熔化、铺贴排气、滚压粘实、接头检查；

② 冷粘法。选胶合理、涂胶均匀、排气压实、接头另粘；

③ 冷自粘法。边揭纸边开卷，按线搭接、排气压实、低温时加热。

2）合成高分子卷材（冷粘法）铺贴（施工温度≮5℃）：

① 选胶与卷材配套；

② 基层、卷材涂胶均匀（卷材搭接边不涂）；

③ 晾胶至不粘手后粘贴、压辊排气、包胶铁辊压实；

④ 搭接边涂胶自粘；

⑤ 接缝口用相容的密封材料封严，宽度≮10mm。

3．保护层施工

（1）平面：浇细石混凝土≮50mm 厚；

（2）立面：

1）内贴法。

a．粘麻丝、抹 20mm 厚 1∶3 水泥砂浆， （硬保护）

b. 贴 5~6mm 厚聚氯乙烯泡沫塑料片材。　　　　　　　（软保护）
　2) 外贴法。
　　a. 砌砖墙(5~6m 断开)灌砂浆，　　　　　　　　　　（硬保护）
　　b. 贴泡沫塑料片材(聚氯、聚苯)。　　　　　　　　　　（软保护）
　四、防水涂膜施工
　1. 常用涂料：
　(1) 聚氨酯防水涂料(涂膜延伸率 350%，表干 4h)；
　(2) 硅橡胶防水涂料(涂膜延伸率 700%，表干 0.8h)。
　2. 施工准备：
　(1) 材料准备；
　(2) 基层处理同前；
　(3) 施工温度≮5℃。
　3. 施工方法：
　(1) 内、外涂法的顺序同卷材内、外贴法；
　(2) 工艺顺序、保护层做法同卷材。
　4. 施工要点：
　(1) 按说明书称量配料，搅拌均匀；
　(2) 立面滚涂 4~8 遍，平面刮涂 2~4 遍，前度干燥不粘手脚后涂后遍；
　(3) 成膜厚度符合设计要求(一般 1.5mm 左右，针测法或割取 20mm×20mm 块卡尺检测)

第三节　屋面防水工程

　一、概述
　1. 平屋面的构造及分类
　(1) 构造：结构层→(找平、隔气层)→找坡层→保温层→找平层→防水层(基层处理、粘结卷材)→保护层。
　(2) 分类(按防水层材料分)：
　1) 卷材屋面：
　① 油毡。建筑石油沥青油毡(热粘法)，高聚物改性沥青油毡(冷粘法或热熔法)；
　② 橡胶。三元乙丙(延伸率 450%，50 年，冷粘法)；
　③ 塑料。氯化聚乙烯橡胶共混(1.2~1.5 厚)，聚氯乙烯。
　2) 涂膜屋面(一般不准单独用)：
　① 高聚物改性沥青防水涂料(厚度不小于 3mm)；
　② 高分子防水涂料(多道设防单层≮1.5 厚；一道设防单层

≤2厚)。

3) 刚性屋面:细石混凝土防水层(配筋、分格、隔离、嵌缝);

2. 隔气层施工

找平层干燥后涂膜或贴卷材。

3. 找坡层施工(2%~3%)

(1) 结构找坡:要求屋面板的支承构件坡度准确(最好硬架支模)。

(2) 构造找坡——铺找坡层做法:

1) 干铺炉渣、蛭石(铺平、压实);

2) 铺水泥石灰焦渣(铺平、压出浆);

3) 与保温层同种材料(厚度:最薄处满足保温)。

4. 保温层施工

(1) 材料:

1) 类型:

① 松散保温材料;

② 板状保温材料;

③ 整体保温材料。

2) 要求:

① 表观密度≯1000kg/m³;

② 导热系数≯0.025W/(m·K);

③ 具有防腐性能或做过防腐处理;

④ 充分干燥(当地风干状态)。

(2) 施工要求:

1) 松散材料:

① 分层铺设(虚铺≯150mm/层),适当压实;

② 表面平整,找坡正确,允许厚度偏差+10%,-5%;

③ 压实后不得行车或堆放重物。

2) 干铺板块材料:

① 铺平垫稳;

② 分层铺时,上下错缝;

③ 板缝用同类材料填实。

3) 整体保温层:

① 拌合均匀,分层铺设,适当压实;

② 表面平整,找坡正确;

③ 厚度偏差≯±5%和4mm。

5. 找平层施工

(1) 材料:

第三节 屋面防水工程

1) 1∶3 水泥砂浆 15～30mm 厚(32.5 级以上水泥);
2) 1∶8 沥青砂浆 15～25mm 厚(60 甲、60 乙道路石油沥青)。
(2) 要求:
1) 设置分格缝,间距≯6m(水泥砂浆)、≯4m(沥青砂浆),缝隙嵌严;
2) 坡度满足要求(屋面宜为 2%,天沟纵向坡度≮1%);
3) 转角做成半径≮20mm(高分子卷材)、≮50mm(改性沥青卷材)、≮100mm(沥青油毡)的圆角;
4) 表面平整(≯5mm/2m),表面无裂缝、不起砂,不空鼓(养护好);
5) 沥青砂浆热铺热压,当天铺一层防水卷材或盖好。

二、卷材防水层施工

1. 施工条件及准备工作:
(1) 屋面上其他工程全完;
(2) 气温≮5℃(胶粘剂法)、≮-10℃(热熔法),无风霜雨雪;
(3) 找平层充分干燥(干铺 1m² 卷材,3～4h 检查无水印),基层处理剂刚刚干燥;
(4) 准备好各种工具(加热、运输、刷油、清扫、压实);
(5) 做好安全、防火工作(灭火器、防护栏杆等)。

2. 卷材铺贴顺序:
(1) 高低跨。先高后低(便于施工);
(2) 多跨。先远后近(利于成品保护);
(3) 一个屋面上。先排水集中部位增强(水落口、檐沟、天沟、管根),按标高由低到高(顺水搭接)。

3. 铺贴方向:
(1) 屋面坡度<3%时,平行于屋脊铺贴;
(2) 屋面坡度>15%或受振动时,垂直于屋脊铺贴(只限于沥青油毡);
(3) 屋面坡度在 3%～15%时,可平行或垂直于屋脊(但不得交叉)。

4. 搭接要求:
(1) 油毡:
1) 长边压边≮70mm(空铺 100mm),上下层压边均匀错开(1/3～1/2 幅宽);
2) 短边接头≮100mm(空铺 150mm),上下左右接头均错开≮500mm;
3) 垂直于屋脊铺贴时,过脊≮200mm,但不得一幅卷材从一侧铺至另一侧(保证脊部层数多、厚度大)。

（2）其他卷材:搭接长度均≮80mm(空铺 100mm),位置均匀错开(≮300mm)。

5．铺贴方法:

（1）满粘法:卷材下满涂胶粘剂。

（2）局部粘结法(南方或找平层不干常用,避免起鼓):

1) 第一层卷材下条粘、点粘;

2) 第一层的边角下、其他层次下满粘(宽≮500mm);

3) 屋脊设排气槽、出气孔,构成排气屋面。

6．粘结方法:

（1）热粘法。用于油毡(沥青胶熬制≮240℃、使用≮190℃)

（2）热熔法。用于 SBS、APP 等高聚物改性沥青油毡

（3）自粘法。用于改性沥青冷自粘油毡(封口宽度≮10mm)

（4）冷粘法。用于改性沥青油毡、高分子合成卷材(封口宽度≮10mm)

7．保护层施工(铺贴后、检查合格后立即进行):

（1）作用:

1) 减少阳光辐射;

2) 减轻雹、雨冲击冲刷;

3) 阻止沥青胶流淌;

4) 提高防水层寿命。

（2）做法:

1) 沥青油毡。浇涂 2～4mm 沥青胶,撒 3～5mm 粒径绿豆砂,嵌入一半粒径。

2) 改性沥青油毡。涂胶、撒细砂或石屑,自带保护层,喷刷浅色涂料(着色剂)。

3) 高分子合成卷材。喷刷浅色涂料(着色剂)。

8．施工要求与检验:

（1）要求:

1) 粘结牢固,摊铺平直;

2) 排净空气,防止空鼓;

3) 缝口封严,不得翘边;

4) 认真检验,加强保护;

5) 不得渗漏,没有积水。

（2）检验:

1) 雨后或淋水、蓄水检验;

2) 保修期 5 年。

第八章　装饰装修工程

第一节　概　　述

一、定义

采用装饰装修材料或饰物,对建筑物的内外表面及空间进行各种处理。

二、内容

主要包括:

抹灰工程、门窗工程、吊顶工程、轻质隔墙工程、饰面板(砖)工程、幕墙工程、涂饰工程、裱糊与软包工程、细部工程、建筑地面工程等共10个子分部工程。

三、作用

1. 保护结构。增强耐久性(防潮,防自然界侵蚀、污染);
2. 完善功能。满足使用要求(调节温、湿、光、声,防御灰尘、射线,清洁卫生);
3. 美化环境。体现艺术性(产生艺术效果,美化环境,展现时代风貌,反映民族风格);
4. 协调建筑结构与设备之间的关系。

四、施工的特点

1. 工期长。一般占总工期30%~40%,高级50%以上;
2. 手工作业量大。一般多于结构用工;
3. 材料贵、造价高。一般占30%,高者50%以上;
4. 质量要求高。功能;色彩、线形、质感等外观效果;群众性强。

五、缩短装饰工程工期的途径

1. 发展和采用新型装饰材料,以干作业代替湿作业;
2. 提高预制化程度,施行专业化生产和施工;
3. 实行机械化作业等。

第二节　门窗安装

一、钢门窗

1. 进场质量检验

(1) 按原加工订货表和厂家图册核对规格、数量、配套五金的种类和件数;

(2) 按规格抽查外形尺寸;

(3) 扇和框的安装:平整否、开关灵活否、四周缝隙均匀否;

(4) 焊接接头:平整、牢固。

2. 钢窗安装

(1) 运输(往楼内):立放(70°～90°),不踩踏;

(2) 安装:木楔临时塞住;水平尺和线锤检验水平和垂直度,并用木楔调整。

要求:

1) 钢窗横平竖直、高低一致、出进一致、开启方向正确;

2) 扇的密闭缝隙≯1mm;

3) 开关灵活,无阻滞回弹现象。

(3) 固定:钢脚置于预留孔内,1∶2 砂浆固定;72h 后取出木楔,用 1∶2 水泥砂浆填缝。

(4) 安钢窗零件:(油漆后,玻璃前安完)。

正确选用;用螺钉拧紧,不外露螺钉头。

(5) 砂窗:在交工前挂完。

(6) 安玻璃:据设计规定选用。

1) 先垫 2～3mm 厚底灰,安时贴紧底灰;

2) 装上钢丝卡子;

3) 外面满嵌油灰,压紧刮平。

二、**木门窗**(进场应检查)

1. 安门窗框(分先立口、后塞口)

(1) 检查洞口尺寸、垂直度、木砖位置;

(2) 外窗口要横竖拉通线,保证室外观看横平竖直;内门口注意"锯口"以下是否满足地面做法的厚度,开启方向正确否。

(3) 木楔临时固定、校正后与木砖钉牢。钉帽砸扁钉入框内,但不得有锤痕。

2. 门窗扇的安装

(1) 量好门窗口尺寸。画在相应扇上,并保证梃宽一致(双扇要打叠);

(2) 粗刨刨去线外部分,细刨刨至光滑平直,试装合适为止;

(3) 画线剔合页槽。位置:合页上下留扇高的 10%,槽底要平,深浅合适;

(4) 留缝宽度:

1) 门窗扇对口缝、扇与框间立缝,1.5～2.5mm;

2) 框与扇间上缝,1～1.5mm;窗扇与下坎间缝,2～3mm;
3) 门扇与地面间缝:外门 4～5mm,内门 6～8mm,卫生间门 10～12mm。

3. 门窗小五金安装(用木螺丝)
(1) 门锁、碰珠、拉手距地 900～1050mm,插销在拉手下;
(2) 窗拉手距地 1.5～1.6m;
(3) 窗钩位置使窗开后距墙 20mm。

三、铝合金及塑料门窗

(一) 施工准备与条件
1. 检查洞口位置、尺寸,检查门窗铁脚位置与留洞位置是否吻合;
2. 检查门窗质量、保护膜完整否;
3. 内外墙抹灰完毕,洞口套抹好底灰;

(二) 安装工艺
1. 弹线找规矩,保证上下对齐、左右一平;框与洞口的间隙:抹灰墙 25mm,石材墙 40mm。
2. 防腐处理:门窗与水泥接触部位,安装前刷防腐涂料或粘贴塑料薄膜;连接件用镀锌件或刷防锈漆。
3. 就位和临时固定:据弹线位置安装,找平找正,木楔固定。
4. 与墙体固定
(1) 方法:留孔埋入铁脚法;铁脚与埋件焊接法;射钉法;膨胀螺栓法。
(2) 要求:
1) 铁脚至门窗角≥180mm,铁脚间距≥600mm,四周均设;
2) 门框埋入地面以下 20～50mm(有防腐)。
5. 框与墙间缝隙处理:
填塞闭孔弹性材料(泡沫塑料等),墙装饰后打嵌缝膏。
6. 安装五金配件及玻璃:
(1) 五金配件在安玻璃前安装,保证使用灵活;
(2) 玻璃裁割准确、方正、留有间隙,加装减震垫块;
(3) 嵌填防水密封膏要擦净尘土,活扇找正,填实粘牢,宽度坡度一致,颜色与框扇协调。

第三节 抹 灰 工 程

一、概述
1. 抹灰层的组成
(1) 底层。粘结层,砂浆应与基层相适应,厚 5～7mm;

(2) 中层。找平层,厚 5~12mm;
(3) 面层。装饰层,厚 2~5mm。

2. 抹灰的分类

(1) 按面层的材料及做法分:

1) 一般抹灰。石灰砂浆、水泥砂浆、混合砂浆、麻刀灰、纸筋灰等;

2) 装饰抹灰。水刷石、水磨石、干粘石、剁假石、拉毛灰、喷涂、弹涂、仿石等;

3) 特种抹灰。保温、防水、耐酸。

(2) 一般抹灰按建筑物的标准和质量要求分:

1) 普通抹灰。一底、一中、一面,20mm 厚;

2) 高级抹灰。一底、多中、一面,25mm 厚。

(3) 按部位分:

1) 室内:顶棚、墙面、楼地面、踢脚、墙裙、窗台、楼梯;

2) 室外:压顶、檐口、外墙面、窗台、腰线、阳台、雨棚、勒脚、散水。

3. 抹灰的材料

(1) 种类:胶结材料、砂石骨料、纤维材料、颜料、化工材料(胶、水玻璃);

(2) 要求:

1) 石灰。充分熟化,不冻结、不风化;

2) 水泥、石膏。不过期;

3) 砂、石渣。洁净、坚硬、过筛;

4) 麻刀、纸筋。打乱、浸透、洁净、纤细;

5) 颜料。耐碱、耐光的矿物颜料或无机颜料;

6) 化工材料。符合质量标准(乳胶不过期)。

(3) 配比:要求粘结力好、易操作,无明确强度要求;常用体积比。

二、墙面一般抹灰的施工

(一) 基层处理

(1) 嵌填孔洞、沟槽(一般用 1∶3 水泥砂浆,门窗框堵缝加麻刀;预制混凝土板勾缝加白灰);

(2) 清理基层表面(灰尘、污垢、油渍、碱膜、铁丝、钢筋头、突出物);

(3) 不同材料的墙体交接处,铺钉金属网,每侧搭墙≮100mm;

(4) 坚硬、光滑混凝土表面要凿毛或使用界面粘结剂;

(5) 提前1~2d开始浇水湿润(渗入8~10mm)。

(二) 施工工艺

基层处理→拉线找方→贴饼(硬后)→冲筋(软筋)→装档(粘结层、找平层)→刮平、抹压(6~7成干)→面层

(三) 施工要求

(1) 抹灰前四周找方,横线找平,立线吊直,弹出墙裙、踢脚线、冲筋,最薄处≮7mm;

(2) 白灰砂浆墙面的阳角,应用1:2~2.5的水泥砂浆抹护角,高≮1.5m;

(3) 不同基层墙面分别按要求处理;

(4) 水泥砂浆面层注意接槎,压光≮两遍,次日洒水养护;

(5) 纸筋灰、麻刀灰抹灰时,底层不宜太干,罩面分横、竖两遍,压实赶光;

(6) 不得将墙裙、踢脚的水泥砂浆抹在白灰砂浆基层上(先硬后软);

(7) 不漏做滴水线;

(8) 水落管安装要配合抹灰。

三、楼地面抹灰(水泥砂浆)

1. 材料:

(1) 水泥≮32.5级的普通硅酸盐水泥;

(2) 砂为洁净的中粗砂;

(3) 配比宜≮1:2(强度≮15MPa),稠度≯3.5cm,拌匀。

2. 施工要点:

① 清理基层,提前浇水湿润,刷素水泥浆结合层一道(防止空鼓);

② 冲软筋:找平、找坡,间距1.5m;

③ 装档:随铺砂浆随用杠尺按筋刮平压实,木抹子搓平;

④ 用钢抹子压光:分三遍(搓平后压头遍至出浆,初凝压二遍至平实,终凝前压三遍至平光)。出水时,撒1:1水泥砂子面;过干时,稍洒水并撒1:1水泥砂子面。

⑤ 12~24h后,喷刷养护薄膜剂或铺湿锯末洒水养护5~7d。

四、装饰抹灰施工

1. 水刷石(面层)

① 弹线,安分格条:分格条浸水,用水泥浆粘贴;

② 抹水泥石渣浆:湿润底层,薄刮素水泥浆,抹水泥石渣浆8~12厚(高于分格条1~2mm),水泥石渣浆体积配比1:1.25(中八厘)~1.5(小八厘),稠度5~7cm;

③ 修整：水分稍干，刷水压实 2～3 遍（孔洞压实挤严，石渣大面朝外）；

④ 喷刷：指压无陷痕时，棕刷蘸水刷去表面水泥浆，喷雾器喷水把浆冲掉；

⑤ 起出分格条，局部修理、勾缝。

2. 干粘石（二层以上使用，省工、省料，易脱落）

① 做找平层，隔日粘分格条；

② 抹粘结层、甩石渣：抹 6mm 厚 1∶2.5 水泥砂浆，随即抹 1mm 厚水泥浆（可掺胶），并甩石渣，拍平压实，压入 1/2 粒径以上；

③ 初凝前起出分格条，修补、勾缝。

3. 剁假石

① 做找平层，粘分格条；

② 抹面层：刮一层水泥浆，随即铺抹 10mm 厚 1∶2～2.5 水泥石渣石屑浆（4mm 掺 30% 石屑），并用毛刷带水顺设计剁纹方向轻刷一次，洒水养护 3～5d；

③ 弹线：（分格缝周围或边缘留出 15～40mm 不剁）；

④ 剁纹：用剁斧由上往下剁成平行齐直剁纹；

⑤ 拆出分格条，清除残渣，素水泥浆勾缝。

4. 水磨石（楼地面）面层

① 基层：20mm 厚 1∶3 水泥砂浆，养护 1～2d。

② 分格：

a. 玻璃条。素水泥浆抹八字条固定；

b. 铜条。每米 4 眼，穿 22 号铁丝卧牢；

c. 灰条、灰堆高≥0.5 分格条，12h 后浇水养护 2d。

③ 面层：刷水泥浆一道；

铺 1∶2～2.8 水泥石渣浆，高出分格条 1～2mm，木抹子搓平，压辊反复滚压至出浆，2h 后再纵横各压一遍，钢抹子抹平；24h 后洒水养护。

④ 磨光时间：机磨，养护 2～5d 后；人工磨，养护 1～2d 后；

方法与要求，见表 8-1。

现制小磨石磨光方法与要求　　表 8-1

遍　　次	磨块规格	要　　求	磨后处理
一（粗磨）	60～80 号	石渣外露，见分格条	冲洗，擦同色浆，养护
二（中磨）	100～150 号	表面光滑，不显磨纹	冲洗，擦同色浆，养护
三（细磨）	180～240 号	表面光亮	冲洗，涂草酸
四（磨净）	280 号	出白浆	冲净，晾干，擦净，打蜡

第四节 饰面板(砖)工程

一、概述

1. 材料

(1) 天然石饰面板:大理石、花岗石;

(2) 人造石饰面板:大理石、花岗石、水磨石;

(3) 金属饰面板:铝合金、不锈钢、镀锌钢板;

(4) 塑料饰面板:聚氯乙烯(PVC)、三氯氰胺、贴面复合、有机玻璃;

(5) 饰面墙板:露石混凝土、正打、反打、饰面预制;

(6) 饰面砖:内外墙釉面砖、通体砖、缸砖、陶瓷锦砖。

2. 安装方法

(1) 地面:铺贴;

(2) 墙面:粘、钉、铆、挂、连。

1) 较大石材(≥400mm):

a. 挂装灌浆法(传统作法);

b. 干挂法(用不锈钢件或镀锌件)。

2) 较小石材、砖:粘贴,用水泥浆、聚合物水泥砂浆或胶粘剂(903等)。

二、施工准备

1. 基层处理

(1) 粘贴法基层:抹底层砂浆,要求垂直、平整、阴阳角方正;

(2) 挂装灌浆基层:(焊接挂装网片)埋铁件;

(3) 干挂法基层:(结构层)预埋铁件;

(4) 楼地面铺装:固定管线,清理湿润,厨卫防水验收。

2. 排布定位

(1) 由中间向四周排布,将半块、夹条留在墙阴角处,地面圈边处;

(2) 不同颜色块材交接处:墙面在阴角,地面在门下。

3. 块材准备(挑选、分割、打眼、浸水阴干)

(1) 挑选:据花纹、颜色、尺寸不同挑选、编号,分别存放;

(2) 分割:

1) 大块。砂轮锯、切割机(云石机);

2) 内墙瓷砖。玻璃刀、合金钎子、切割器;

3) 马赛克。老虎钳子。

(3) 钻孔(墙面花岗岩、大理石):上下两顶面两端钻孔。

三、施工工艺

(一) 墙面石材

1. 粘贴法(边长<400mm 块材)

(1) 先用 12mm 厚 1∶3 水泥砂浆打底,扫毛;

(2) 底灰凝固后,在湿润的石板背面抹 2~3mm 厚素水泥浆(可掺胶);

(3) 粘贴,用木锤轻敲,靠尺、水平尺找平直;

(4) 擦缝:用同色水泥浆,注意养护。

2. 挂装灌浆法

(1) 在结构表面固定 $\phi6$ 筋骨架,或与埋件焊接,或埋膨胀螺栓焊接,或与顶模箍筋焊接;

(2) 拉线、垫底尺,从阳角处或中间开始绑扎板块,离墙 20mm;

(3) 找垂直后,四周用石膏临时固定(较大板材加支撑);

(4) 用纸或石膏堵侧、底缝,板后灌 1∶2.5 水泥砂浆,每层 200~300mm 高,灌浆接缝留在板顶下 50~100mm 处(白色石材用白水泥);

(5) 剔掉石膏块,清理后安第二行。

(二) 内墙贴瓷砖(粘贴法)

(1) 抹底灰:6mm 厚 1∶3 水泥砂浆打底并划毛(混凝土墙先刷掺胶水泥浆);

(2) 排砖、弹线:排砖从阳角开始,竖线间距 1m 左右,横线在墙裙上口;

(3) 贴饼:用混合砂浆和废瓷砖,间距 1.5m,上下靠尺找垂直,横向拉线找平,阳角处两面垂直;

(4) 垫底尺:底尺面比地面低 10mm;

(5) 贴瓷砖(打底后 3~4d):

1) 挑砖(规格、颜色一致),浸水 1h 并阴干(砂浆粘贴者);

2) 用 1∶0.3∶3 混合砂浆或 1∶1.5~2 水泥砂浆(加胶)涂于砖背,放在垫尺上,轻敲砖面,灰浆挤满,靠尺(或水平尺)找平直;

3) 门口及阳角处或长墙每隔 2m 先竖贴一排,再向两侧挂线铺贴。

(6) 嵌缝:专用嵌缝材料擦严压光。

(三) 地面石材

1. 准备:清理基层,浇水湿润,管线固定,块材浸水阴干;

2. 找规矩:弹地面标高线,四边取中挂十字线;

3. 试排块材：检查板块间隙（天然石材≯1mm，水磨石≯2mm）；检查排水坡度；

4. 铺设：

顺序——由十字线中间开始十字铺设，再向各角延伸，小房间从里向外。

(1) 基层或垫层上扫水泥浆结合层；

(2) 铺 30mm 厚 1∶3～4 干硬性砂浆（比石材宽 20～30mm，长≯1m）；

(3) 试铺板材，锤平压实，对缝，合格后搬开，检查砂浆表面是否平实；

(4) 洒水灰比 0.4～0.5 的水泥浆，正式铺板材，锤平（水平尺检测）；浅色石材用白水泥浆及白水泥砂浆；

5. 养护灌缝：24h 后洒水养护 3d（不得走人、车），检查无空鼓后用 1∶1 细砂浆灌缝至 2/3 高度，再用同色嵌缝材料擦严，擦净，保护；3d 内禁止上人；

6. 踢脚镶贴：先两端，再挂线安中间；方法：粘贴法、灌浆法。

第五节 涂饰工程

一、油漆

(一) 概述

1. 油漆组成与分类

(1) 组成：粘结剂、颜料、稀释剂、辅助材料（催干剂、增塑剂、固化剂）。

(2) 分类：按成膜物质分 18 类。

2. 常用油漆

(1) 清油。用于调稀厚漆、红丹防锈漆，或做打底涂料、调腻子等。

(2) 厚漆（铅油）。打底、调腻子等（黏性好）。

(3) 调和漆。

1) 油性。用于要求不高的室外工程面层。

2) 磁性。用于室内面层（漆膜硬、干燥快，易失光、裂）。

(4) 清漆

1) 油质。用于家具、门窗、金属面（干燥快、有光泽、耐水、耐蚀）有醇酸、硝基、聚氨酯等；

2) 挥发性。用于木材打底或罩面（干燥快、漆膜硬、光亮，但耐水、热差）。

(5) 聚醋酸乙烯乳胶漆。用于室内外抹灰面、木材面等,漆膜坚硬、平整、附着力强、干燥快、耐暴晒和水洗。

(二) 油漆施工条件

1. 基层清理,修补,干燥(含水率:木材面≯12%;混凝土、砂浆:≯8%,用乳胶漆≯10%)

2. 其他工程全完。

3. 环境:清洁无灰尘,温度≮10℃,湿度≯60%(大风雨雾不宜外施工)。

(三) 油漆涂刷分级及主要工序(按质量要求分)

1. 普通:满刮一遍腻子,刷三遍油漆。

2. 高级:满刮二遍腻子,刷三～五遍油漆。

3. 腻子有石膏腻子、金属面腻子、乳胶腻子等。

(四) 油漆涂刷方法:刷、喷、滚。

二、内外墙面刷浆与涂料

1. 材料:

(1) 室内。常用内墙涂料(乳胶漆、丙烯酸类)、大白浆、可赛银浆;

(2) 室外。常用水泥色浆、乙丙乳液厚涂料。

2. 基层处理:抹灰层充分干燥,基层清理干净,腻子填补孔洞、裂缝,砂纸磨平。

3. 刮腻子:

(1) 室内。石膏、乳胶、纤维素腻子,或耐水腻子等

(2) 室外。水泥、乳胶腻子

4. 刷(喷)浆、涂料:

(1) 主要工序:

1) 普通级。基层处理后满刮一遍腻子刷一遍浆后,复补腻子再刷两遍浆;

2) 高级。基层处理后满刮两遍腻子刷一遍浆后,复补腻子再刷三遍浆;

3) 机械喷浆可不受遍数限制,达到要求为准。

(2) 顺序:先上后下,先顶棚后墙面。

(3) 要求:

1) 内墙。厚度均匀,颜色一致,不流坠,无砂粒。

2) 外墙:

① 同一墙面用同一批材料(颜色一致,配比相同);

② 分段施工的接槎处留在分格缝、墙阴角、水落管处;

③ 防止沾污门窗、玻璃等不涂刷处。

第六节 裱糊工程

一、材料

1. 墙纸或墙布：纸基纸面墙纸、纺织物墙纸、天然材料墙纸、塑料墙纸、弹性墙布、造型墙布。

2. 腻子：成品乳胶腻子；耐水腻子；或乳胶：滑石粉：2%纤维素水溶液＝1：5：3.5。

3. 底涂料：封闭乳液底涂料（封闭基层孔隙，以免吸水过快）。

4. 胶粘剂：配套成品壁纸胶（粉）；
   乳胶：2.5%羧甲基纤维素液：水＝5：4：1。

二、基层处理

1. 平整、坚实、洁净、干燥（含水率≯8%）；
2. 腻子刮平并磨光；
3. 刷底涂料；
4. 设备附件卸下。

三、裱糊

1. 纸基纸面壁纸背面用水湿润（普通塑料壁纸浸泡3～5min，静置20min)
2. 基层及纸背均涂胶。
3. 从阴角开始，由上而下对缝对花，板刷舒展压实，挤出的胶液用棉丝擦净；
4. 阳角处不接缝，阴角搭接≮3mm。

四、要求

1. 色泽一致；
2. 无气泡、空鼓、翘边、皱折、斑污、胶痕；
3. 拼缝对花、不露缝；
4. 正面1.5m处不显拼缝。

第九章 路桥工程

第一节 路基工程

一、路基填筑

(一) 基底处理

1. 挖除树根,清除地表种植土和草皮(清除深度≤150mm);
2. 水田、池塘、洼地:排干水、换填水稳定性好的材料或抛石挤淤;
3. 横坡处理:坡度 1:5～1:2.5 时,挖成台阶,宽度≤1m;
   坡度陡于 1:2.5 时,做特殊处理(挡墙等)。

(二) 填土材料

1. 一般的土和石均可(土应控制含水量在最佳范围);
2. 工业废渣较好(粒径适当,废钢渣放置一年以上);
3. 不能用的土:淤泥、沼泽土、含残余树根和易于腐烂物质的土;
4. 不宜用的土:
   (1) 液限>50%及塑限指数>26 的土(透水性差、变形大、承载力低);
   (2) 强盐渍土和过盐渍土;
   (3) 膨胀土。

(三) 填筑方法与要求

1. 全宽水平分层填筑。下层压实、检验合格后再填上一层;
2. 不同性质的材料要分层填筑,不得混填,防止出现水囊和薄弱层;
3. 水稳性、冻稳性好的材料填在路堤上部(或水浸处)。

二、路基压实

(一) 机械选择

1. 按行走方式分:牵引式、自行式。
2. 按施压方式分:
   (1) 轻型光轮压路机(6～8t)。适用于各种填料的预压整平;
   (2) 重型光轮压路机(12～15t)。适用于细粒土、砂粒土、砾石土；

(3) 重型轮胎压路机(30t以上)。适用于各种填料，尤其细粒土；

(4) 羊足碾。适用于细粒土，粉土质及黏土质砂；

(5) 振动压路机。适用于砂类土、砾石土、巨粒土；

(6) 夯实机械。适用于狭窄工作场地、构筑物附近。

(二) 压实要求

1. 控制填土的含水量，以达到压实度(压实系数)要求；

2. 每层厚度应通过试验确定(与压实遍数、机械类型、土的种类、压实度要求有关)；

3. 要轮迹重叠，碾压均匀，无漏压、死角；

4. 碾压要点：

控制压路机速度（光轮静碾 2～5km/h，振动压路机 3～6km/h）；

先慢后快；先轻后重；先静后振；先弱振后强振；

5. 碾压顺序：先路缘，后中间(直)；先低侧后高侧(小半径曲线)；

第二节 路面施工

一、路面基层

(一) 半刚性基层

1. 材料类型：水泥稳定类、石灰稳定类、综合稳定类。

2. 施工方法：

(1) 路拌法施工。平地机、推土机摊铺；路拌机、压路机；

(2) 厂拌法施工。摊铺机、平地机、压路机。

3. 施工要求：

(1) 细粒土粉碎，粒径不大于15mm；

(2) 配料必须准确，石灰摊铺、洒水拌和必须均匀；

(3) 严格控制摊铺厚度和高程；

(4) 碾压时达到最佳含水量；

(5) 碾压应使用12t以上的压路机；

(6) 每层压实厚度15～18cm，使用振动式压路机或羊足碾可适当增加；

(7) 水泥稳定类铺压后，要保湿养生7d，铺面前禁止通行。

(二) 粒料类基层

1. 材料类型：

(1) 嵌锁型。泥结碎石、泥灰结碎石、填隙碎石；

(2) 级配型。级配碎石、级配砾石、天然级配砂砾。

2. 级配碎石施工要求：
(1) 碎石粒径不得大于 30cm，级配满足要求；
(2) 配料准确，拌和均匀，避免离析；
(3) 控制好虚铺厚度，路拱横坡符合规定；
(4) 每层压实厚度：
1) 12t 三轮压路机≥15～18cm，
2) 重型振动压路机、轮胎压路机 20～23cm。

二、沥青路面施工

常用沥青路面的种类：沥青混凝土路面、沥青碎石路面。

(一) 施工准备

1. 沥青混合料的材料准备与检验；
2. 拌和设备的选型及场地布置；
3. 修筑试验段：研究拌和时间与温度、摊铺温度与速度、压实机械的合理组合、压实机械及压实方法、松铺系数、合适的作业段长度等。

(二) 摊铺作业

1. 内容：下承层准备、施工放样、摊铺机各种参数的调整与选择(熨平板宽度和拱度、摊铺厚度、熨平板的初始工作角、摊铺速度)、摊铺机作业。
2. 要点：
(1) 摊铺前对熨平板加热；
(2) 刮板输送器与螺旋摊铺器密切配合，速度匹配；
(3) 保持工作的均匀性。

(三) 碾压

程序：初压→复压→终压。
方法与要求：见表 9-1。

路面碾压方法与要求　　　　　　　表 9-1

工 序	目 的	设 备	遍 数	温 度
初 压	整平、稳定混合料	光轮压路机	2	110～140℃
复 压	密实、稳定、成型	10～12t 三轮 10t 以上振动或轮胎	4～6	90～120℃
终 压	消除轮迹、形成平整的压实面	光轮压路机	2～4	65～80℃

(四) 质量检验

内容：压实度、厚度、平整度、粗糙度。

第三节　混凝土桥梁结构工程

一、桥梁工程施工的内容：

1. 基础施工：扩大基础；桩基础；沉井基础；组合基础。
2. 墩台施工：石砌、现浇、预制拼装。
3. 上部结构施工：现浇、预制安装、悬臂施工、转体施工、顶推施工、逐孔施工、提升、浮运施工。

二、墩台施工

1. 模板

(1) 拼装式模板。木或钢，拼装成板扇（宽1～2m，分节高3～6m）；

(2) 整体吊装式模板。地面拼装、刚度大、外框可做脚手，节高2～4m；

(3) 组合式钢模板。标准构件拼成整体；

(4) 滑动模板。

2. 混凝土施工要点

(1) 混凝土的运送

1) 水平：手推车、翻斗车、自卸汽车；
2) 垂直：皮带运输机、拔杆、井架、履带吊、塔吊；
3) 量大：混凝土泵；
4) 河床内：栈桥、缆索起重机。

(2) 浇筑要求

1) 基底处理：

① 干土。湿润；

② 过湿。夯填碎石（100～150mm厚）；

③ 岩石。铺水泥砂浆（20～30mm厚）。

2) 钢筋绑扎：

与灌注配合；接头错开；保证保护层厚度。

3) 大体积混凝土：

① 减少水化热。使用低水化热水泥（大坝、矿渣、粉煤灰……）；

② 留设施工缝。分块面积≤50m²、高度≥2m，位置平行于短边，上下错开，做成企口；

③ 填放石块要求。数量≥25%，高度≤150mm，抗压强度≤25MPa，洁净，分布均匀，净距≤100mm，距侧面、顶面≤150mm。

三、混凝土桥梁施工

（一）悬臂施工法

在墩柱两侧对称平衡地分段浇筑或安装箱梁，并张拉预应力钢筋。逐渐向墩柱两侧对称延伸。

1. 特点与适用范围

（1）特点：

1）跨间不需搭设支架；

2）设备、工序简单；

3）多孔结构可同时施工，工期短；

4）能提高桥梁的跨越能力（上面的预应力筋将跨中正弯矩转变为支点负弯矩）；

5）施工费用低。

（2）适用于：建造预应力混凝土悬臂梁桥、连续梁桥、斜拉桥、拱桥。

2. 施工方法

（1）悬臂浇筑法：

利用悬吊式活动脚手架（挂篮），在墩柱两侧对称平衡的浇筑梁段（2～5m）混凝土，待每对梁段混凝土达到规定强度后，张拉预应力筋并锚固，然后向前移动挂篮，重复进行下一梁段施工。

1）主要设备。挂篮（可沿轨道行走的活动脚手架）；

2）工艺流程。挂篮前移就位→安装箱梁底模→安装底板及肋板钢筋→浇筑底板混凝土→安装肋、顶模板及肋内预应力管道→安装顶板钢筋及顶板预应力管道→浇筑肋顶板混凝土→养护、拆模→穿筋→张拉→孔道压浆。

3）施工要点：

① 一般采用快凝水泥配制的 C40～60 混凝土，30～36h 可达 30MPa；

② 每段施工周期 7～10d；

③ 防止底板开裂：底板与肋板、顶板同时浇筑；使用活动模板梁预加变形。

（2）悬臂拼装法：

在工厂或桥位附近分段预制，运至架设地点后，用活动吊机等在墩柱两侧对称均衡地拼装就位，并张拉预应力筋。重复进行下一梁段施工。施工要点：

1）块件制作。

① 块件长度取决于运输、吊装设备能力（一般 1.4～6m，最好 35～60t）；

② 尺寸准确、接缝密贴，预留孔道对接顺畅（可间隔浇筑）。

2) 运输与拼装。

① 运输：场内运输（龙门吊、平车）→装船（吊机）→浮运。

② 吊装：

a. 陆地。自行式、门式吊车。

b. 水中。浮吊（水流平稳）；桥上吊机：轨道式伸臂吊机，拼拆式活动吊机（承重梁上有纵向轨道），缆索起重机。

③ 拼接缝：湿接缝、干接缝、半干接缝、胶接缝。

3) 穿束张拉。

① 特点：

a. 较多集中于顶板部位；

b. 两侧长度对称于桥墩。

② 穿束方式：

a. 明槽设置，穿锚于锯齿板；

b. 暗管穿束：60m 以下推送，长者卷扬机牵引。

③ 张拉原则：

a. 对称于箱梁中轴线，两端同时张拉；

b. 先张拉肋束（先边肋，后中肋），后板束（中至边）。

(3) 非 T 形刚构桥的临时固结措施：

1) 楔形垫块法（现浇 C50 混凝土）；

2) 支架固结法；

3) 立柱和预应力筋锚固法；

4) 三角形撑架法。

(二) 逐孔施工法

采用一套施工设备或一、二孔施工支架逐孔施工，周期性循环直至完成。

1. 优点：施工单一标准化、工作周期化、工程费用低。

2. 施工方法：

(1) 临时支撑组拼预制节段法；

(2) 移动支架现浇法；

(3) 移动模架现浇法（移动悬吊模架；支撑式活动模架）；

(4) 整孔吊装或分段吊装法。

(三) 顶推法施工

在桥台后面的引道上或刚性好的临时支架上，预制箱形梁段(10～30m)2～3 个，施加施工所需预应力后向前顶推，接长一段再顶推，直到最终位置。再调整预应力，将滑道支承移置成永久支座。

1. 施工方法

单向顶推，双向顶推，单点顶推，多点顶推。

(1) 单向单点顶推：顶推设备设在一岸桥台处；

前端安装钢导梁(0.6～0.7跨径，减少悬臂负弯矩)。

适用于：跨度40～60m多跨连续梁桥(跨度大，中间设临时支墩)。

(2) 按每联多点顶推：墩顶上均设顶推装置；前后端均安装导梁。

适用于：特别长的多联多跨桥梁。

(3) 两岸双向顶推：

适用于：中跨大、且不设临时支墩的连续梁桥。

2. 顶推设备

(1) 千斤顶

1) 推头式：

① 安装在桥台上。竖向顶起后水平推进；

② 安装在桥墩上。竖顶落下后水平拉进。

2) 拉杆式：

布置在墩(台)顶部、主梁外侧，拉杆与箱梁腹板上的锚固器连接，拉动、回油、逐节拆卸拉杆。

(2) 滑道

由设置在墩顶混凝土滑台、不锈钢板、滑板(氯丁橡胶、聚四氟乙烯)组成。

3. 顶推工艺

制梁→顶推→施加预应力→调整、张拉、锚固部分预应力筋→灌浆→封端→安装永久性支座。

4. 特点

(1) 无需大量脚手架；

(2) 可不中断交通；

(3) 占用场地小，易于保证质量、工期、安全；

(4) 设备简单。

5. 适用范围

跨度不大的、等高连续梁桥。

(四) 转体法施工

在河流两岸，利用地形或简便支架预制半桥，分别将两个半桥转体合拢成桥。

1. 特点：减少支架、减少高空作业，施工安全、质量可靠，可不断航施工。

2. 适用于：单孔或三孔桥梁。

3. 施工方法：

(1) 竖向转体施工法。

(2) 平面转体施工法：有平衡重法；无平衡重法。

第十章 施工组织概论

第一节 建筑工程的特点与程序、组织原则

一、建筑产品及生产的技术经济特点

1. 产品的固定性与生产的流动性（显著区别于其他工业）
(1) 地点、功能、使用单位固定；
(2) 劳动力、材料、机械在建造地点及高度空间流动。

2. 产品的多样性与生产的单件性
(1) 产品随地区、民俗、功能、地点、设计人而变化；
(2) 不同产品、地区、季节、施工条件，需不同的施工方法、组织方案。

3. 产品的庞大性与生产的协作性、综合性
(1) 产品高度大、体形大、重量大；
(2) 建设、设计、施工、监理、构件生产、材料供应、运输相互协作；
(3) 综合各个专业的人员、机具、设备在不同部位进行立体交叉作业。

4. 产品的复杂性与生产的干扰性
(1) 风格、形体、结构类型、装饰作法复杂；
(2) 受政策、法规、周围环境、自然条件、安全隐患等因素影响。

5. 产品投资大，生产周期长
占压资金多，需按计划逐步投入；加快工程进度，及早交付使用。

二、基本建设程序

1. 基本建设
指利用国家预算内资金、自筹资金、国内基本建设贷款以及其他专项资金进行的以扩大生产能力或新增工程效益为主要目的的新建、扩建工程及有关工作。

2. 基本建设程序
进行基本建设全过程中的各项工作必须遵循的先后顺序。

第十章 施工组织概论

(非人为制定,是通过多年的经验与教训摸索出的规律)。

程序按先后划分为六个阶段:

(1) 项目建议书阶段;

(2) 可行性研究阶段;

(3) 设计文件阶段;

(4) 建设准备阶段;

(5) 建设实施阶段;

(6) 竣工验收阶段。

三、工程施工程序(五个步骤)

1. 承接任务,签订合同

承接任务的方式:下达式、投标式、自动承接式。

2. 全面统筹安排,作好施工规划

调查、收集资料;施工业务组织规划及施工部署;先遣人员进场,做各项准备。

3. 落实施工准备,提出开工报告

准备的内容:技术准备;劳动组织准备;物资准备;场内外准备;季节性施工。

4. 组织施工,加强管理

要求:按施工组织设计进行施工;搞好协调配合;落实承包制,做好经济核算;

严格执行各项技术、质检制度;抓紧工程收尾和竣工。

5. 工程验收,交付使用

一般分:基础、主体结构、装饰及设备安装等三个阶段进行;

验收顺序:施工单位内部→甲方(监理)和设计→国家质检部门(签发合格证或备案)。

四、工程项目施工组织原则

(1) 认真贯彻国家对工程建设的法规、方针和政策,严格执行建设程序;

(2) 遵循建筑施工工艺和技术规律,坚持合理的施工程序和顺序;

(3) 采用流水施工方法和网络计划技术组织施工;

(4) 科学地安排冬、雨期施工项目,保证全年生产的连续性和均衡性;

(5) 贯彻工厂预制和现场预制相结合的方针,提高建筑工业化程度;

(6) 充分利用现有机械设备,扩大机械化施工范围,提高机械化程度;

(7) 尽量采用国内外先进的施工技术和科学管理方法；

(8) 尽量减少暂设工程，合理地储备物资，减少物资的运输量，科学地布置施工现场。

第二节　施工准备工作

一、施工准备工作的重要性与分类

(一) 重要性

1. 是施工企业搞好目标管理、推行技术经济承包的重要依据；

2. 是土建施工和设备安装顺利进行的根本保证。

(二) 分类

1. 按准备工作的范围分

(1) 全场性施工准备。以一个建筑工地为对象；

(2) 单位工程施工条件准备。以一个建筑物或构筑物为对象；

(3) 分部(分项)工程作业条件准备。以一个分部(分项)工程或季节性施工为对象。

2. 按所处施工阶段分

(1) 开工前的施工准备；

(2) 各施工阶段前的施工准备。

二、施工准备工作的内容

(一) 技术准备

(1) 熟悉与审查图纸；

(2) 调查分析原始资料；

(3) 编制施工图预算和施工预算；

(4) 编制施工组织设计。

(二) 物资准备

1. 内容

(1) 建筑材料。制定计划、组织货源、签订合同；

(2) 构(配)件、制品。制定计划、提出加工预制单；

(3) 施工机具。制定计划、购置租赁；

(4) 生产工艺设备。制定计划、签订合同。

2. 工作程序

编制需要量计划→组织货源签订合同→确定运输方案和计划→储存保管

第十章 施工组织概论

(三) 劳动组织准备
(1) 建立工地指挥机构(指挥部、项目经理部);
(2) 建立施工队组;
(3) 组织劳动力进场;
(4) 进行计划与技术交底;
(5) 建立、健全各项管理制度。

(四) 场内外准备
1. 施工现场准备
(1) 测量控制网(平面、高程);
(2) "三通一平"(场地、水、电、路);
(3) 补充勘探;
(4) 搭设临时设施;
(5) 施工机具进场、组装、保养、试车;
(6) 材料、构件、制品的进场、存放;
(7) 建筑材料的试验申请;
(8) 新技术项目的试制、试验和人员培训;
(9) 冬雨期施工的临时设施和措施。

2. 场外准备
(1) 材料、构件、机械的加工、订货、采购、租赁;
(2) 选择协作单位,签订分包合同;
(3) 向主管部门提交开工报告。

第三节 施工组织设计概述

一、施工组织设计的任务和作用

(一) 任务
针对建筑工程的施工任务,将人力、资金、材料、机械和施工方法合理地安排,使之在一定的时间和空间内实现有组织、有计划、有秩序地施工,以期达到工期短、质量好、成本低的最优效果。

(二) 作用
1. 标前设计:
指导投标报价和签订工程合同。
2. 标后设计:
(1) 保证施工准备的完成;
(2) 指导施工全过程;
(3) 协调施工中的各种关系;
(4) 进行生产管理、计划编制的依据。

第三节 施工组织设计概述

二、施工组织设计的分类（标后设计）

按编制对象、作用不同分：

1. 施工组织总设计；
2. 单位（单项）工程施工组织设计；
3. 分部（分项）工程作业设计。

不同类型施工组织设计的区别，见表10-1。

施工组织设计分类与区别　　　　　　　表10-1

类型 区别	施工组织总设计	单位工程施工组织设计	分部（分项）工程作业设计
编制对象	建设项目、群体工程	较小、简单的单项或单位工程	较大、难、新、复杂的分部或分项工程
作　用	总的战略性部署编制年度计划的依据	具体战术安排直接指导施工编制月旬计划的依据	指导施工及操作编制月旬作业计划的依据
编制时间	初步设计或技术设计后	开工前	单位施组后或同时，施工前
编制人	总承建单位为主，建设、设计、分包单位参加	施工单位	专业施工单位（或分包单位）

三、施工组织设计的主要内容

1. 工程概况和特点分析；
2. 施工部署或施工方案的选择；
3. 施工计划；
4. 施工平面图；
5. 措施及主要技术经济指标。

四、施工组织设计的编制

（一）编制方法

1. 确定主持人、编制人，召开交底会，拟定大的部署，形成初步方案；
2. 专业性研究与集中群众智慧相结合；
3. 充分发挥各职能部门的作用，发挥企业的技术、管理素质和优势；
4. 较完整的方案提出后，组织讨论、研究、修改→形成正式文件→报批。

（二）编制程序

见演示图。

第十章 施工组织概论

五、施工组织设计的贯彻
1. 传达其内容和要求；
2. 制定各项管理制度；
3. 推行技术经济承包制；
4. 统筹安排及综合平衡；
5. 切实做好施工准备工作。

六、施工组织设计的检查与调整

（一）检查

1. 主要指标完成情况的检查。

工程进度、工程质量、材料消耗、机械使用、成本费用

2. 施工平面图合理性的检查。

按图布置临时设施、管网道路、机具材料，改变应经批准。

（二）调整

1. 据执行、检查发现的问题→分析原因→拟定改进措施或方案→调整施工组织设计的有关部分或指标；
2. 重大方案改变应报请上级及有关部门批准。

第十一章　流水施工法

第一节　流水施工的原理

一、组织施工的三种形式

【例1】　有四栋房屋的基础,其每栋的施工过程及工程量等见表11-1。

某工程单栋房屋基础施工的有关参数　　　表11-1

施工过程	工程量	产量定额	劳动量	班组人数	延续时间	工种
基础挖土	210m³	7m³/工日	30工日	30	1	普工
浇混凝土垫层	30m³	1.5m³/工日	20工日	20	1	混凝工
砌筑砖基	40m³	1m³/工日	40工日	40	1	瓦工
回填土	140m³	7m³/工日	20工日	20	1	灰土工

1. 依次施工（顺序施工）

组织形式,应一栋栋地进行,见图11-1。

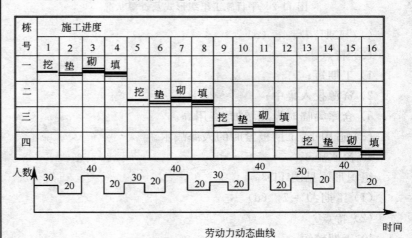

图 11-1　依次施工组织形式及资源状况

（1）工期：
$$T = 4 \times 4 = 16 \quad (d)$$

(2) 特点：

1) 劳动力、材料、机具投入量小；

2) 专业工作队不能连续施工(宜采用混合队组作业)。

(3) 适用于：

场地小、资源供应不足、工期不紧时，组织大包队施工。

2. 平行施工(各队同时进行)

组织形式见图 11-2。

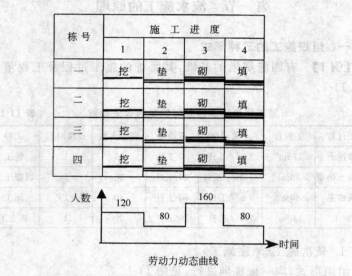

图 11-2 平行施工组织形式及资源状况

(1) 工期：$T=4$ (d)

(2) 特点：

1) 工期短；

2) 资源投入集中；

3) 仓库等临时设施增加，费用高。

(3) 适用于：工期极紧时的人海战术。

3. 流水施工

组织形式见图 11-3。

(1) 工期：$T=7$ (d)

(2) 特点：

1) 工期较短；

2) 资源投入较均匀(正常情况下，每天供应一栋的材料、机具、劳动力等)；

3) 各工作队连续作业；

4) 能均衡地生产。

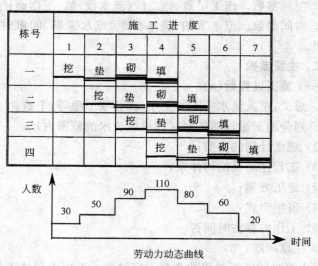

图 11-3 流水施工组织形式及资源状况

（3）流水施工的实质：充分利用时间和空间，实现连续、均衡地生产。

二、组织流水施工的优点

(1) 施工质量及劳动生产率高（劳动生产率提高 30%～50%）；

(2) 降低工程成本（6%～12%）；

(3) 缩短工期（30%～50%，比依次施工）；

(4) 施工机械和劳动力能得到合理、充分地利用；

(5) 综合效益好。

三、组织建筑施工流水作业的步骤

(1) 将建筑物在平面或结构空间上划分为若干个工程量大致相等的流水段（假定产品）；

(2) 将整个工程按施工阶段划分成若干个施工过程，并组织相应的施工队组；

(3) 确定各施工队组在各段上的工作延续时间；

(4) 组织每个队组按一定的施工顺序，依次连续地在各段上完成自己的工作；

(5) 组织各工作队组同时在不同的空间进行平行作业。

第二节　流水施工的主要参数

一、参数类型

1. 工艺参数。施工过程数、流水强度；

2. 空间参数。施工层数、施工段(流水段)数、工作面;

3. 时间参数。流水节拍、流水步距、流水工期、间歇时间、搭接时间。

二、主要参数

(一) 施工过程数(n)

1. 意义:组入流水施工的工序(或分项工程等)个数。
2. 划分施工过程的依据:(在组织流水的范围内)
(1) 进度计划的类型;
(2) 工程性质及结构体系;
(3) 施工方案;
(4) 班组形式;
(5) 工作内容占时间否。
3. 注意问题:

组入流水的施工过程的个数不宜过多。要以主导施工过程为主;较小的、次要的施工过程宜穿插作业,不参与流水,以便于流水的组织成功。

(二) 施工段数(流水段数)(m)

1. 分段目的:使参加流水施工的各工作队组都有自己的工作面,保证不同队组能在各自的工作面上同时施工,以便充分利用空间。
2. 分段原则
(1) 各段的劳动量应大致相等;
(2) 以主导施工过程数为依据,段数不宜过多;
(3) 保证工人有足够的工作面;
(4) 要考虑结构的整体性和建筑的外观;
(5) 有层间关系,若要保证各队组连续施工,则每层段数$m \geq n$或施工队组数。

【例 2】 一栋二层砖混结构,主要施工过程为砌墙、安板,(即$n=2$),分段流水的方案如表11-2:(条件:工作面足够,各方案的人、机数不变)

结论:专业队组流水作业时,应使$m \geq n$,才能保证不窝工,工期短。

注意:m不能过大。否则,材料、人员、机具过于集中,影响效率和效益,易发事故。

(三) 流水节拍(t)

1. 定义:指某一施工队组在一个流水段上的工作延续时间。
2. 作用:

第二节 流水施工的主要参数

分段流水方案 表 11-2

方案	施工过程	施工进度 1 2 3 4 5 6 7 8 9 10 11 12 13 14 15 16	特点分析
$m=1$ ($m<n$)	砌墙	一层　←瓦工间歇→　二层	工期长；工作队间歇。不允许
	安板	一层　←吊装间歇→　二层	
$m=2$ ($m=n$)	砌墙	一.1　一.2　二.1　二.2	工期较短；工作队连续；工作面不间歇。理想
	安板	一.1　一.2　二.1　二.2	
$m=4$ ($m>n$)	砌墙	二.1　　　二.1	工期短；工作队连续；工作面间歇（层间）允许，有时必要
	安板	一.1　　　二.1	

(1) 影响着工期和资源投入。节拍大,工期长,速度慢；节拍小,资源供应强度大。

(2) 决定流水组织方式。

1) 相等或有倍数关系,组织节奏流水；

2) 不等也无倍数关系,组织非节奏流水。

3. 确定方法：(三种)

(1) 定额计算法：

根据现有人员及机械投入能力计算。

某施工过程在 i 段上的流水节拍为

$$t_i = \frac{Q_i}{S_i \cdot R_i \cdot N_i} = \frac{Q_i \cdot H_i}{R_i \cdot N_i} = \frac{P_i}{R_i \cdot N_i}$$

式中　Q_i——某施工过程在 i 段上的工程量；

S_i——某施工过程的产量定额；

R_i——施工队组参与人数(或机械数)；

H_i——某施工过程的时间定额；

P_i——某施工过程在 i 段上的劳动量；

N_i——工作班制。

(2) 工期计算法(倒排工期法)：

根据工期及流水方式的要求定出 t_i,再配备人员或机械。即

$$t_i = \frac{T_i}{r \cdot m_i}$$

式中　T_i——i 施工过程的总延续时间(据工期推算出来)；

r——施工层数；

m_i——每施工层的流水段数。

(3) 经验估算法：

用于无定额或干扰因素多、难以确定的施工过程。

可先估算出最长(悲观,a)、正常(客观,b)、最短(乐观,c)三种

时间,求其加权平均值,即 $t_i = \dfrac{a_i + 4b_i + c_i}{6}$

4. 确定节拍值要考虑的几个要点:
(1) 施工队组人数要满足该施工过程的劳动组合要求;
(2) 工作面大小;
(3) 机械台班产量复核(人、机配套);
(4) 各种材料的储存及供应;
(5) 施工技术及工艺要求;
(6) 尽量取整数。

(四) 流水步距(k)

1. 定义:相邻两个施工队组投入工作的合理时间间隔。
2. 作用:
(1) 影响工期(大则工期长,小则工期短);
(2) 专业队组连续施工的需要;
(3) 保证每段施工作业程序不紊乱。
3. 安排时需考虑:
(1) 施工面允许否;
(2) 技术间歇合理否;
(3) 有无工作队连续要求;
(4) 与节拍的关系。

(五) 流水工期(T_p)

自参与流水的第一个队组投入工作开始,至最后一个队组撤出为止的全部时间。

(六) 间歇时间(Z)

根据工艺、技术要求或组织安排,留出的等待时间。

按间歇的性质分为技术间歇和组织间歇;按间歇的部位分为施工过程间歇和层间间歇。

1. 技术间歇

由于材料性质或施工工艺的要求,需要考虑的合理工艺等待时间称为技术间歇。如养护、干燥等,以 $S_{j,j+1}$ 表示。

2. 组织间歇

由于施工技术或施工组织的原因,造成的在流水步距以外增加的间歇时间。如弹线、人员及机械的转移、检查验收等,以 $G_{j,j+1}$ 表示。

3. 层间间歇

在相邻两个施工层之间,前一施工层的最后一个施工过程与后一个施工层相应施工段上的第一个施工过程之间的技术间歇或组织间歇,用 Z_1 表示。

4. 施工过程间歇

在同一个施工层或同一个施工段内,相邻两个施工过程之间的技术间歇或组织间歇统称为施工过程间歇,用 Z_2 表示。

(七) 搭接时间(C)

为了缩短工期,在工作面允许的前提下,前一个工作队完成部分施工任务后,后一施工队即进入该施工段。两者在同一施工段上同时施工的时间称为平行搭接时间。以 $C_{j,j+1}$ 表示。

第三节 流水施工的组织方法

一、流水施工的分类

1. 按组织流水的范围分:

(1) 施工过程流水(细部流水)。同一施工过程中各操作工序间的流水;

(2) 分部工程流水(专业流水)。同一分部工程中各施工过程间的流水;

(3) 单位工程流水(工程项目流水)。同一单位工程中各分部工程间的流水;

(4) 群体工程流水(综合流水)。在多栋建筑物间组织大流水。

2. 按流水节拍的特征分:

(1) 节奏流水。固定节拍流水(等节奏)、成倍节拍流水(异节奏);

(2) 非节奏流水。分别流水法(无节奏)。

3. 按流水方式分:

(1) 流水段法(建筑工程);

(2) 流水线法(管线工程、道路工程)。

二、组织流水的基本方法

(一) 固定(全等)节拍流水法

1. 条件:各施工过程在各段上的节拍全部相等(为一固定值)。

【例 3】 某工程有三个施工过程,分为四段施工,节拍均为 1d。要求乙施工后,各段均需间隔 1d 方允许丙施工。组织形式见表 11-3。

2. 组织方法

(1) 划分施工过程,组织施工队组。

固定节拍流水形式　　　　　表 11-3

施工过程	施工进度						
	1	2	3	4	5	6	7
甲	1	2	3	4			
乙	$k_{甲乙}$	1	2	3	4		
丙		$k_{乙丙}$	$Z_{乙丙}$	1	2	3	4

横向标注：$(n-1)k$，Z_2，rmt，总工期 T_n

(2) 分段：

若有层间关系时：

1) 无间歇要求。$m=n$（保证各队组均有自己的工作面）；

2) 有间歇要求。$m=n+\dfrac{Z_1}{k}+\dfrac{\Sigma Z_2}{k}-\dfrac{\Sigma C}{k}$（有小数时只入不舍）；

式中　Z_1——层间的间歇时间（技术的、组织的）；

　　　Z_2——同一层内相邻两施工过程间的间歇时间（技术的、组织的）；

　　　C——同一层内相邻两施工过程间的搭接时间。

(3) 确定流水节拍：

计算主要施工过程（工程量大、劳动量大、供应紧张）的节拍 t_i；

$$t_i=p_i/R_i$$

其他施工过程均取此 t_i，配备人员或机械（$R_x=P_x/t_i$）。

(4) 确定流水步距：

常取 $k=t$。（等节拍等步距流水）

当某些施工过程间有技术、组织间歇要求时，其实际步距为：$k+Z_2$；

当某些施工过程间有搭接要求时，其实际步距为：$k-Z_2$。（等节拍不等步距流水）

(5) 计算工期：

工期 $T_P=(n-1)k+rmt+\Sigma Z_2-\Sigma C$，常取 $k=t$，则：

$$T_P=(rm+n-1)k+\Sigma Z_2-\Sigma C$$

式中　ΣZ_2——各相邻施工过程间的间歇时间之和；

　　　ΣC——各相邻施工过程间的搭接时间之和；

　　　r——施工层数。

(6) 绘进度表。

3. 举例

【例 4】　某基础工程的数据如表 11-4。若每个施工过程的作

第三节 流水施工的组织方法

业人数最多可供应 55 人,砌砖基后需间歇 2d 再回填。试组织全等节拍流水。

某基础工程的施工过程与数据 表 11-4

施工过程	工程量	产量定额	劳动量
挖　槽	800m³	5m³/工日	160 工日
打灰土垫层	280m³	4m³/工日	70 工日
砌砖基	240m³	1.2m³/工日	200 工日
回填土	420m³	7m³/工日	60 工日

【解】

1) 确定段数 m:无层间关系,无技术间歇,$m<$、$=$、$>n$ 均可;本工程考虑其他因素,取 $m=4$,则每段劳动量见下表。

2) 确定流水节拍 t:

砌砖基劳动量最大,人员供应最紧,为主要施工过程。

$t_{砌}=P_{砌}/R_{砌}=50/55=0.91$,取 $t=1$ (d),则 $R_{砌}=P_{砌}/t_{砌}=50/1=50$ (人)。

令其他施工过程的节拍均为 1,并配备人数:$R_x=P_x/1$,见表 11-5。

节拍确定及资源配备 表 11-5

施工过程	每段劳动量	施工人数	流水节拍
挖　槽	40 工日	40	1d
打灰土垫层	18 工日	18	1d
砌砖基	50 工日	50	1d
回填土	15 工日	15	1d

3) 确定流水步距 k:取 $k=t=1$

4) 计算工期 T_P:$T_P=(rm+n-1)k+\Sigma Z_2-\Sigma C$
   $=(1\times 4+4-1)\times 1+2-0=7$ (d)

5) 画施工进度表,见表 11-6。

某基础工程流水施工进度表 表 11-6

施工过程	施工进度								
	1	2	3	4	5	6	7	8	9
挖　槽	1	2	3	4					
打灰土垫层		1	2	3	4				
砌砖基			1	2	3	4			
回填土						1	2	3	4

第十一章 流水施工法

【例5】 某工程由 A、B、C、D 四个分项组成,各个分项工程均划分为五个施工段,每个施工过程在各个施工段上的流水节拍均为 4d,分项工程 A 完成后,它的相应施工段至少要有组织间歇时间 1d;分项工程 B 完成后,其相应施工段至少要有技术间歇时间 2d,为缩短计划工期,允许分项工程 C 与 D 平行搭接时间为 1d。试编制流水施工方案。

【解】
① 确定流水步距 k:
全等节拍流水,取 $k=t=4$。
② 流水段数 m:
已知 $m=5$ (段)
③ 计算流水工期 T:
$$T=(rm+n-1)k+\Sigma Z_1-\Sigma C$$
$$=(1\times 5+4-1)\times 4+(1+2)-1$$
$$=34 \text{ (d)}$$
④ 绘制流水施工水平指示图表:见表 11-7。

某工程全等节拍流水施工进度表　　　表 11-7

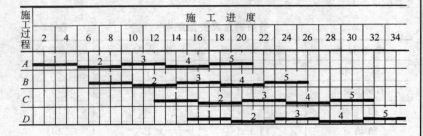

(二) 成倍节拍流水法(异节奏流水)

1. 条件:同一个施工过程的节拍全都相等;各施工过程之间的节拍不等,但为某一常数的倍数。

【例6】 某混合结构房屋,据技术要求,流水节拍为:砌墙 4d;构造柱及圈梁施工 6d;安板及板缝处理 2d。试组织流水作业。
有五种组织方法,见表 11-8。

2. 成倍节拍流水组织方法
(1) 使流水节拍满足上述条件;
(2) 计算流水步距 k:$k=$ 各施工过程节拍的最大公约数。
例6中 $k=2$。
(3) 计算各施工过程需配备的队组数 b_i:用 k 去除各施工过程的节拍 t_i。

第三节 流水施工的组织方法

表 11-8 几种不同组织方法的形式及特点

组织方法	施工过程	施工进度	特点分析
按等步距搭接组织	砌墙 构造柱圈梁 板、板缝	(甘特图)	违反施工顺序不允许
按工作面连续组织（无节奏）	砌墙 构造柱圈梁 板、板缝	(甘特图)	工作队不连续 有其他工作时允许
按工作队连续组织（无节奏）	砌墙 构造柱圈梁 板、板缝	(甘特图)	工作队相对连续，工作面未充分利用 允许
按成倍节拍流水组织	砌墙 构造柱 1队 构造柱 2队 圈梁 1队 圈梁 2队 圈梁 3队 板、板缝	(甘特图)	1. 合乎施工顺序； 2. 工作队连续、均衡地工作； 3. 工作面得到充分利用； 较好

$T_D = (\sum b_D - 1)k$

$T_N = t_N(rm/b_n) = rmk$

$T_P = (rm + \sum b_D - 1)k$

133

第十一章 流水施工法

即 $b_i = t_i/k$。

例6中,砌墙:$b_{砌}=4/2=2$(个队组)

构造柱、圈梁:$b_{混}=6/2=3$(个队组)

安板、灌缝:$b_{安}=2/2=1$(个队组)

(4) 确定每层施工段数 m:

无间歇要求时:$m=\Sigma b_i$(保证各队组均有自己的工作面);

有间歇要求时:$m=\Sigma b_i + Z_1/k + \Sigma Z_2/k - \Sigma C/k$(有小数时只入不舍);

式中　Σb_i——施工队组数总和;

　　　Z_1——层间的间歇时间(技术的、组织的);

　　　Z_2——同一层内相邻两施工过程间的间歇时间(技术的、组织的);

　　　C——同一层内相邻两施工过程间的搭接时间。

例6中,无间歇要求,$m=\Sigma b_i = 2+3+1=6$(段)

(5) 计算工期 T_P:$T_P = (rm+\Sigma b_i - 1)k + \Sigma Z_2 - \Sigma C$

例6中,$T_P = (2 \times 6 + 6 - 1) \times 2 + 0 - 0 = 34$(d)

(6) 绘制进度表:(见前表)。

【例7】 某工程由 A、B、C 三个施工过程组成。在竖向上划分为两个施工层组织流水施工。各施工过程在每层每个施工段上的持续时间分别为 $t_A=2d$,$t_B=4d$,$t_C=4d$。B 过程完成后,其相应施工段至少有技术间歇时间1d,C 施工过程完成后,需有组织间歇1d,才能进行第二层的施工。在保证各工作队连续施工的条件下,求每层施工段数,并编制流水施工方案。

【解】

① 确定流水步距 k:

成倍节拍流水,取 $k=2$。

② 计算各施工过程需配备的队组数 b_i:

$b_i = t_i/k$。$b_A = 2/2 = 1$(个);$b_B = 4/2 = 2$(个);

$b_C = 4/2 = 2$(个)

③ 确定每个施工层的流水段数 m

$m = \Sigma b_i + (Z_1/K) + (\Sigma Z_2/K) - (\Sigma C/K)$

　$= (1+2+2) + (1/2) + (1/2) - 0 = 6$(段)

④ 计算流水工期 T:

$T = (rm + \Sigma b_i - 1)k + \Sigma Z_2 - \Sigma C$

　$= (2 \times 6 + 5 - 1) \times 2 + 1 - 0$

　$= 33$(d)

⑤ 绘制流水施工水平指示图表,见表11-9。

第三节 流水施工的组织方法

某工程成倍节拍流水施工进度表 表 11-9

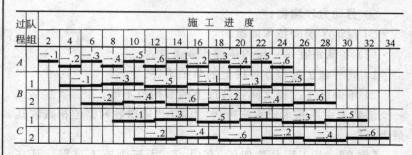

需要注意：

从理论上讲，很多工程均能满足成倍节拍流水的条件，但实际工程若不能划分出足够的流水段或配备足够的资源，则不能使用该法。

（三）分别流水法（无节奏流水）

1. 条件：

同一施工过程在各段上的节拍相等或不等，不同施工过程之间在各段上的节拍不等，也无规律可循。

2. 组织原则：

运用流水作业的基本概念，使每一个施工过程的队组在施工段上依次作业，各施工过程的队组在不同段上平行作业，使主要施工过程和主要工种的队组尽可能连续施工。

3. 组织方法：

（1）组合成节奏流水。条件：同一施工过程在各段上节拍相等，不同施工过程之间在各段上的节拍不等。

【例8】 某三层工业厂房为现浇混凝土框架结构。结构施工时，每层分为三个流水段。由于木工缺乏，要求人数不得超过20人，流水施工安排见表 11-10：

有节奏的分别流水施工进度表 表 11-10

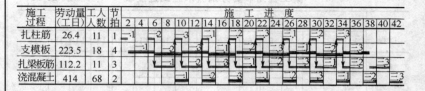

本流水组织的特点：

① 等节奏施工；

② 工作面搭接合理（连续）；

③ 主要工种连续作业（$\Sigma t_{钢}=\Sigma t_{木}$）；

④ 劳动力较均衡；

⑤ 保证了层间技术间歇。

(2) 各队组在每一段内连续作业条件：

1) 同一施工过程在各段上的节拍不等；

2) 不同施工过程之间在各段上的节拍也不等。

潘特考夫斯基求流水步距法：用节拍"累加数列错位相减取其最大差"。

【例9】 某工程分为四段，有甲、乙、丙三个施工过程。其在各段上的流水节拍分别为：

甲——3 2 2 4

乙——1 3 2 2

丙——3 2 3 2

【解】

① 确定流水步距，见表11-11、表11-12。

$k_{甲-乙}$ 的步距 　　　　　　　　　　表 11-11

甲节拍累加值	3	5	7	11	
乙节拍累加值		1	4	6	8
差　值	3	4	3	5	−8

取最大差值：$k_{甲-乙}=5$

$k_{乙-丙}$ 的步距 　　　　　　　　　　表 11-12

乙节拍累加值	1	4	6	8	
丙节拍累加值		3	5	8	10
差　值	1	1	1	0	−10

取最大差值：$k_{乙-丙}=1$

② 工期：$T_p=\Sigma k+T_n=(5+1)+10=16$ （d）。

③ 绘进度表：见表11-13。

某工程无节奏分别流水施工进度表　　　　表 11-13

施工过程	施工进度															
	1	2	3	4	5	6	7	8	9	10	11	12	13	14	15	16
甲	1			2		3		4								
乙						1	2			3		4				
丙							1			2			3		4	

第十二章 网络计划技术

第一节 概 述

一、网络计划

1. 是一种科学的计划方法,是一种有效的生产管理方法。
2. 发展概况

(1) 20 世纪 50 年代中后期,由美国的关键线路法和计划评审法两种计划管理方法发展而来;

(2) 20 世纪 60 年代初,华罗庚教授介绍到我国,称为统筹法(统筹兼顾,适当安排之意);

(3) 1992 年国家技术监督局颁发了三项标准,建设部颁发《工程网络计划技术规程》;

(4) 1999 年建设部颁发新的《工程网络计划技术规程》(JGJ/T 121—99),2000 年 2 月 1 日起执行。

二、网络计划的基本原理

应用网络图的形式表述一项工程的各个施工过程的顺序及它们间的相互关系,经过计算分析,找出决定工期的关键工序和关键线路,通过不断改善网络图,得到最优方案,力求以最小的消耗取得最大效益。

三、网络计划方法的特点

1. 横道计划法

(1) 优点:

1) 简单、明了、直观、易懂;

2) 各项工作的起点、延续时间、工作进度、总工期等一目了然;

3) 流水情况表示清楚,资源计算便于据图叠加。

(2) 缺点:1) 不能反映各工作间的联系与制约关系;

     2) 不能反映哪些工作是主要的、关键的,看不出计划的潜力。

2. 网络计划法

(1) 优点:

1) 组成有机的整体,明确反映各工序间的制约与依赖关系;

2) 能找出关键工作和关键线路,便于管理人员抓主要矛盾;
3) 便于资源调整和利用计算机管理和优化。
(2) 缺点:不能清晰地反映流水情况、资源需要量的变化情况。

四、几个基本概念

1. 网络图:表示整个计划中各道工序的先后次序和所需时间的网状图,由圆圈和箭号按一定规则组成。常用类型:

(1) 双代号网络图:两个圆圈和一个箭线表示一项工作的网状图,图12-1。

图 12-1 双代号图的形式

(2) 单代号网络图:一个圆圈表示一项工作,箭线表示顺序的网状图,见图12-2。

2. 网络计划:在网络图上加注工作的时间参数而编制成的施工进度计划。

图 12-2 单代号图的形式

3. 网络计划技术:用网络计划对工程项目的工作进度进行安排和控制,以保证实现预定目标的科学的计划管理技术。

第二节 双代号网络计划

一、双代号网络图的绘制

(一) 形式(图12-3)

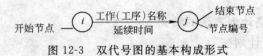

图 12-3 双代号图的基本构成形式

(二) 五个要素

1. 箭线

(1) 作用:一条箭线表示一项工作(施工过程、任务)。

(2) 特点:

消耗资源 (如砌墙:消耗砖、砂浆、人工等);

消耗时间 有时不消耗资源,只消耗时间(如:技术间歇)。

2. 节点:用圆圈表示,表示了工作开始、结束或连接关系。

特点：不消耗时间和资源。

3. 编号：

(1) 作用：方便查找与计算，用两个节点的编号可代表一项工作。

(2) 编号要求：箭头号码大于箭尾号码，即：$j>i$

(3) 编号顺序：先绘图后编号；顺箭头方向；可隔号编。

4. 虚工作：时间为零的假设工作。用虚箭线表示；

(1) 特点：不消耗时间和资源。

(2) 作用：确切表达网络图中工作之间相互制约、相互联系的逻辑关系。

5. 线路与关键线路（图 12-4）：

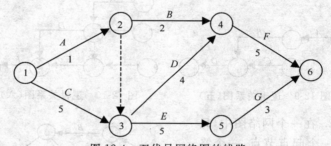

图 12-4　双代号网络图的线路

(1) 线路：①→②→④→⑥　　　　　8d

①→②→③→④→⑥　　　　10d

①→②→③→⑤→⑥　　　　9d

①→③→④→⑥　　　　　　14d

①→③→⑤→⑥　　　　　　13d

(2) 关键线路：时间最长的线路（决定了工期）。

(3) 次关键线路：时间仅次于关键线路的线路。

(4) 关键工作：关键线路上的各项工作。

(三) 绘制规则

1. 正确反映各工作的先后顺序和相互关系（逻辑关系）；

受人员、工作面、施工顺序等要求的制约。

如：绘制逻辑关系图：

(1) B、D 工作在 A 工作完成后进行。见图 12-5。

(2) A、B 均完成后进行 C。见图 12-6。

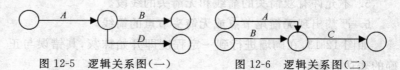

图 12-5　逻辑关系图（一）　　　图 12-6　逻辑关系图（二）

(3) A、B 均完成后进行 C、D。见图 12-7。

(4) A 完成后进行 C，A、B 均完成后进行 D。见图 12-8。

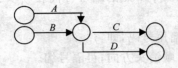

图 12-7 逻辑关系图（三）　　　图 12-8 逻辑关系图（四）

(5) A 完成后进行 B，B、C 均完成后进行 D。见图 12-9。

(6) A、B 均完成后进行 D，A、B、C 均完成后进行 E，D、E 均完成后进行 F。见图 12-10。

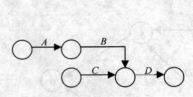

图 12-9 逻辑关系图（五）　　　图 12-10 逻辑关系图（六）

2. 在一个网络图中，只能有一个起点节点，一个终点节点。否则，不是完整的网络图。

(1) 起点节点：只有外向箭线，而无内向箭线的节点；

(2) 终点节点：只有内向箭线，而无外向箭线的节点。

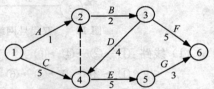

②→③→④→②形成了循环回路。错误。

图 12-11 存在循环回路错误的网络图

3. 网络图中不允许有循环回路，见图 12-11。

4. 不允许出现相同编号的工序或工作，图 12-12。

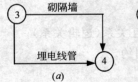 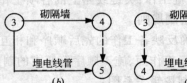

图 12-12 避免出现工作编号相同错误的方法
(a)错误；(b)正确；(c)正确

5. 不允许有双箭头的箭线和无箭头的线段。

6. 严禁出现无箭尾节点或无箭头节点的箭线。

如图 12-13，在砌墙进行到一定程度即开始抹灰，其错误与正确的表达方法。

140

第二节 双代号网络计划

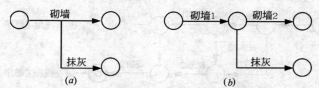

图 12-13 无箭尾节点错误及改正方法
(a)中的"抹灰"无开始节点
(a)错误；(b)正确

(四) 绘制要求与方法

1. 尽量采用水平、垂直箭线的网格结构（规整、清晰）；
2. 箭线尽量不交叉，交叉箭线及换行的处理见图 12-14。

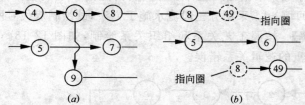

图 12-14 交叉箭线及换行、换页的处理
(a)过桥法；(b)指向法

3. 起点节点有多条外向箭线、终点节点有多条内向箭线时，可采用母线法绘制（见图 12-15）；中间节点在不至于造成混乱的前提下，也可使用母线法。

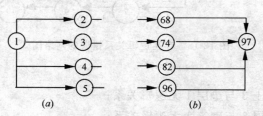

图 12-15 母线画法

4. 尽量使网络图水平方向长。

如分层分段施工时，水平方向可表示：

(1) 组织关系。同一施工过程在各层段上的顺序，见图 12-16。

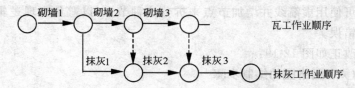

图 12-16 水平方向表示组织关系

(2) 工艺关系。在同一层段上各施工过程的顺序，见图 12-17。

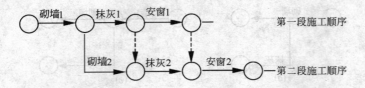

图 12-17 水平方向表示工艺关系

5. 尽量减少不必要的箭线和节点。

在不会改变其逻辑关系的前提下,使网络图简单明了。

(五)示例

【例 1】 某基础工程,施工过程为:挖槽 12d,打垫层 3d,砌墙基 9d,回填 6d。采用分三段流水施工方法,试绘制双代号网络图。

【解】 按照工艺关系和组织关系绘制,如图 12-18。但该图存在严重的逻辑关系错误。

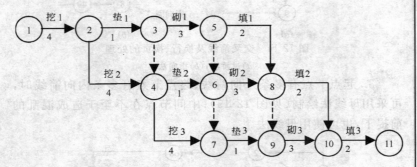

图 12-18 存在逻辑关系错误的网络图

其中:

1) 挖土 3 与垫层 1 无逻辑关系;
2) 垫层 3 与砌筑 1 无逻辑关系;
3) 砌筑 3 与回填 1 无逻辑关系。

(即:无工艺、人员、工作面关系,而前者却受到了后者的控制)

结论:

"两进两出"及其以上的多进多出节点,易造成逻辑关系错误。一般可使用虚箭线并增加节点来拆分这种节点,以避免出现逻辑关系错误。

改正如图 12-19:

(六)网络图的编制步骤

1. 编制工作一览表:

包括:列项,计算工程量、劳动量、延续时间,确定施工组织方式。

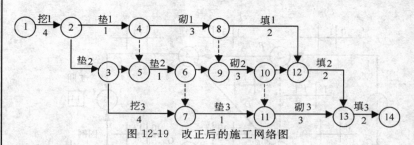

图 12-19 改正后的施工网络图

2. 绘制网络图:
(1) 较小项目。直接绘图;
(2) 较大项目。可按施工阶段或层段分块绘图,再行拼接。

二、双代号网络图的计算

(一) 概述

1. 计算目的:
(1) 求出工期;
(2) 找出关键线路;
(3) 计算出时差。

2. 计算条件:
线路上每个工序的延续时间都是确定的(肯定型)。

3. 计算内容:
(1) 每项工序(工作)的开始及结束时间(最早、最迟);
(2) 每项工序(工作)的时差(总时差、自由时差)。

4. 计算方法:图上、表上、分析、矩阵。

5. 计算手段:手算、电算。

(二) 图上计算法:工作计算

紧前工作:紧排在本工作之前的工作,以 $h-i$ 表示,见图 12-20。
紧后工作:紧排在本工作之后的工作,以 $j-k$ 表示,见图 12-20。

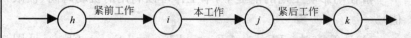

图 12-20 本工作及其紧前、紧后工作

【例 2】 以图 12-4 所示网络图为例,计算其各工作的时间参数并找出关键线路。

1. "最早时间"的计算(图 12-21)
(1) 最早可能开始时间(ES)
1) 计算公式: $ES_{i-j} = \max\{EF_{h-i}\} = \max\{ES_{h-i} + D_{h-i}\}$
2) 计算规则: "顺线累加,逢圈取大"
(2) 最早可能完成时间(EF): $EF_{i-j} = ES_{i-j} + D_{i-j}$

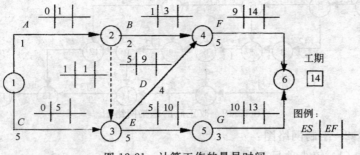

图 12-21 计算工作的最早时间

2. "最迟时间"的计算(图 12-22)

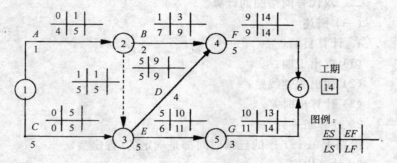

图 12-22 计算工作的最迟时间

(1) 本工作最迟必须完成时间(LF)：$LF_{i-j} = \min\{LS_{j-k}\}$

(2) 本工作最迟必须开始时间(LS)：$LS_{i-j} = LF_{i-j} - D_{i-j}$

(3) 计算规则："逆线累减,逢圈取小"

3. 时差的计算

时差——在网络图非关键工序中存在的机动时间。

(1) 总时差(TF)

指在不影响工期的前提下,本工作可以利用的机动时间(极限值)。

1) 计算方法：$TF_{i-j} = LF_{i-j} - EF_{i-j} = LS_{i-j} - ES_{i-j}$,见图 12-23。

2) 计算目的：

a. 找出关键工作和关键线路：——总时差为"0"的工作为关键工作；由关键工作组成的线路为关键线路(见图 12-23 中双线)。

一个网络图中至少有一条关键线路。

b. 优化网络计划使用。(动用其则引起通过该工作的各线路上的时差重分配)。

第二节 双代号网络计划

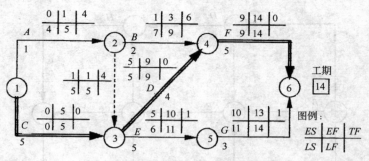

图 12-23 计算工作的总时差

(2) 自由时差（FF）

是总时差的一部分；是指在不影响紧后工作最早开始的前提下，本工作可以利用的机动时间。

1) 计算方法：$FF_{i-j}=ES_{j-k}-EF_{i-j}$。（见图 12-24）

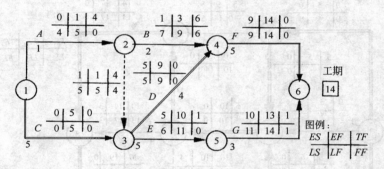

图 12-24 计算工作的自由时差

2) 计算目的：尽量利用其变动工作开始时间或增加持续时间（调整时间和资源），以优化网络计划。

【例 3】 某工程的网络图如图 12-25，试采用图上计算法计算各工作的时间参数，并求出工期、找出关键线路。

【解】 计算结果见图 12-26。

工期为 19；关键线路两条，见图中双线所示。

(三) 节点标号法（节点计算）

可不求出最早、最迟时间及总时差，即可快速求出工期和找出关键线路。

步骤如下：

1) 设起点节点的标号值为零，即 $b_1=0$。
2) 顺箭线方向逐个计算节点的标号值。

每个节点的标号值，等于以该节点为完成节点的各工作的开始节点标号值与相应工作持续时间之和的最大值，即：

145

第十二章 网络计划技术

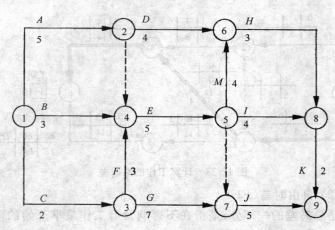

图 12-25 某工程网络图

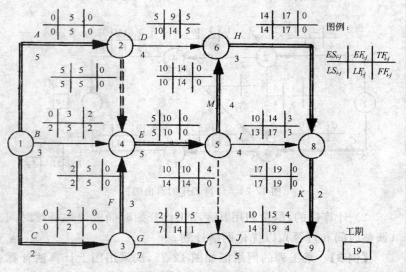

图 12-26 某工程网络图的计算结果

$$b_j = \max\{b_i + D_{i-j}\}$$

将标号值的来源节点及标号值标注在节点上方。

3) 节点标号完成后,终点节点的标号即为计算工期。

4) 从网络计划终点节点开始,逆箭线方向按源节点寻求出关键线路。

【例 4】 某已知网络计划如图 12-27 所示,试用标号法求出工期并找出关键线路。

【解】 (1) 设起点节点标号值 $b_1 = 0$。

(2) 对其他节点依次进行标号。各节点的标号值计算如下。

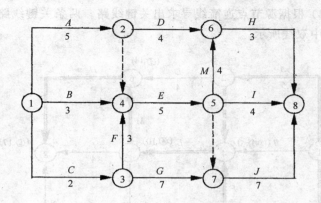

图 12-27　某工程网络图

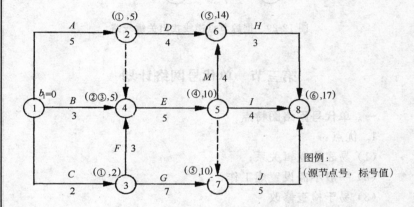

图 12-28　对节点进行标号

将源节点号和标号值标注在图 12-28 中。

$b_2 = b_1 + D_{1-2} = 0 + 5 = 5$

$b_3 = b_1 + D_{1-3} = 0 + 2 = 2$

$b_4 = \max[(b_1 + D_{1-4}), (b_2 + D_{2-4}), (b_3 + D_{3-4})]$

$\quad = \max[(0+3), (5+0), (2+3)] = 5$

$b_5 = b_3 + D_{4-5} = 5 + 5 = 10$

$b_6 = b_5 + D_{5-6} = 10 + 4 = 14$

$b_7 = b_5 + D_{5-7} = 10 + 0 = 10$

$b_8 = \max[(b_5 + D_{5-8}), (b_6 + D_{6-8}), (b_7 + D_{7-8})]$

$\quad = \max[(10+4), (14+3), (10+5)] = 17$

(3) 该网络计划的工期为 17d。

（4）根据源节点逆箭线寻求出关键线路。两条关键线路见图 12-29 中双线所示。

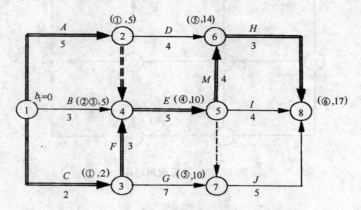

图 12-29　据源节点逆线找出关键线路

第三节　单代号网络计划

一、单代号网络图特点

1. 优点：
（1）易表达逻辑关系；
（2）一般不需设置虚工作；
（3）易于检查修改。
2. 缺点：不能设置时间坐标，看图不直观。

二、绘制

（一）构成与基本符号

1. 节点：用圆圈或方框表示。一个节点表示一项工作。
特点：消耗时间和资源。
表示方法见图 12-30。

 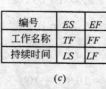 

图 12-30　单代号网络图的节点形式

2. 箭线：仅表示工作间的逻辑关系。
　　　　特点：不占用时间，不消耗资源。
3. 代号：一项工作有一个代号，不得重号。

第三节 单代号网络计划

要求：由小到大。

（二）绘制规则

1. 逻辑关系正确；见图 12-31。

如：(1) A 完成后进行 B。图 12-31(a)。

(2) B、C 完成后进行 D。图 12-31(b)。

(3) A 完成后进行 C，B 完成后进行 C、D。图 12-31(c)

(4) A、B、C 完成后进行 D、E、F。图 12-31(d)、(e)。

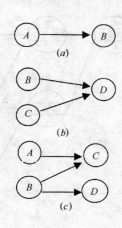

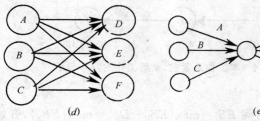

图 12-31 逻辑关系图

2. 不允许出现循环线路；
3. 不允许出现代号相同的工作；
4. 不允许出现双箭头箭线或无箭头的线段；
5. 只能有且必须有一个起点节点和一个终点节点。若缺少时，应虚拟补之。

如：A、B 同时开始同时结束，图 12-32。

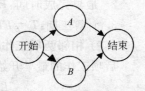

图 12-32 补充开始与结束两项虚工作而构成的网络图

三、绘图示例

【例 5】 某装修装饰工程分为三个施工段，施工过程及其延续时间为：砌围护墙及隔墙 12d，内外抹灰 15d，安铝合金门窗 9d，喷刷涂料 12d。拟组织瓦工、抹灰工、木工和油工四个专业队组进行施工。试绘制单代号网络图。见图 12-33。

四、计算

方法 1：按照双代号网络图的计算方法和计算顺序进行计算。

方法 2：在计算出最早时间和工期后，先计算各个工作之间的时间间隔，再据其计算出总时差和自由时差，最后计算各项工作的最迟时间。步骤及计算公式如下（工作关系及符号表示见图 12-34）：

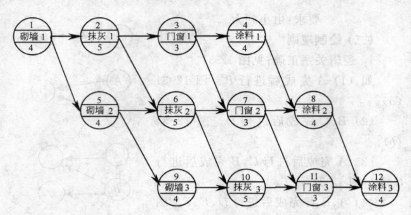

图 12-33 某装修工程的单代号网络图

图 12-34 本工作及紧前、紧后工作的符号表示

(一) 最早时间

1. 最早开始时间 $ES_i = \max\{ES_h + D_h\} = \max\{EF_h\}$，开始节点 $ES_i = 0$，顺线累加，取大。

2. 最早完成时间：$EF = ES_i + D_i$

3. 计算工期：$T_c = EF_n = ES_n + D_n$（n 为终点节点所代表的工作）

(二) 相邻两项工作的时间间隔

后项工作的最早开始时间与前项工作的最早完成时间的差值，
$$LAG_{i-j} = ES_j - EF_i$$

(三) 时差计算

1. 工作的总时差：$TF_n = T_p - EF_n$（T_p 为计划工期）
$$TF_i = \min\{LAG_{i,j} + TF_j\}，逆线计算。$$

2. 工作的自由时差：$FF_i = \min\{LAG_{i,j}\}$；$FF_n = T_p - EF_n$

(四) 最迟时间

1. 最迟完成时间：$LF_n = T_p$（计划工期），
$$LF_i = \min\{LS_j\}；或 LF_i = EF_i + TF_i$$

2. 最迟开始时间：$LS_i = LF_i - D_i$，或 $LS_i = ES_i + TF_i$

(五) 关键线路

总时差为"0"的关键工作构成的自始至终的线路。或 $LAG_{i,j}$ 均为 0 的线路（宜逆线寻找）。

【例 6】 以图 12-33 为例，计算其工作的时间参数及工作之间的时间间隔，并求出工期，找出关键线路。

【解】见图 12-35。工期为 26d,关键线路见图中双线。

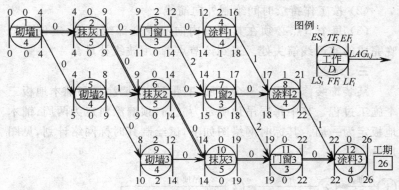

图 12-35 单代号网络图的计算结果

第四节 时间坐标网络计划

一、概念与特点

1. 时标网络计划:以时间坐标为尺度表示工作时间的网络计划。

2. 特点:

(1) 清楚地标明计划的时间进程,便于使用;

(2) 直接显示各项工作的开始时间、完成时间、自由时差、关键线路;

(3) 易于确定同一时间的资源需要量;

(4) 手绘图及修改比较麻烦,如需改变工作持续时间或改变工期,将引起整个网络图的变动。

二、时标网络计划图的绘制

(一) 绘制要求

(1) 宜按最早时间绘制;

(2) 先绘制时间坐标表:顶部或底部、或顶底部均有时标,可加日历;时间刻度线用细线,也可不画或少画。

(3) 实箭线表示工作,虚箭线表示虚工作,自由时差用波线;

(4) 节点中心对准刻度线;虚工作用垂直虚线表示,其自由时差用波线。

(二) 绘制方法

1. 先绘制一般网络计划并计算出时间参数,再绘时标网络计划图;

2. 直接按草图在时标表上绘制:

（1）起点定在起始刻度线上；

（2）按工作持续时间绘制外向箭线；

（3）每个节点必须在其所有内向箭线全部绘出后，定位在最晚完成的实箭线箭头处。未到该节点者，用波线补足。

三、示例

某装饰装修工程有三个楼层，有吊顶、顶墙涂料和铺木地板三个施工过程。其中每层吊顶确定为三周、顶墙涂料定为两周、铺木地板定为一周。其标时网络图如下，试绘制其时标网络计划，见图12-36。

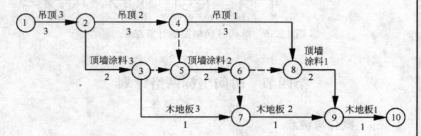

图 12-36　某装饰装修工程的时标网络图

【解】　时标网络计划如图12-37：

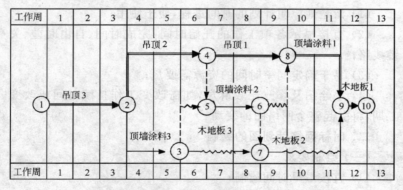

图 12-37　某装饰装修工程的时标网络计划

四、关键线路和时间参数的判定

1. 关键线路的判定：自终点至起点无波线的线路（图中双线）。

2. 工期：T_p＝终点节点时标－起点节点时标。

3. 最早开始时间：箭线左边节点中心时标值；

4. 最早完成时间：箭线实线部分的右端或右端节点中心时标值。

5. 工作自由时差：波线水平投影长度。

6. 工作总时差：各紧后工作总时差的小值与本工作的自由时差之和。即：

$$TF_{i-j} = \min\{TF_{j-k}\} + FF_{i-j}$$

自后向前计算。

7. 最迟完成时间：总时差＋最早完成时间。即 $LF_{i-j} = TF_{i-j} + EF_{i-j}$；

8. 最迟开始时间：总时差＋最早开始时间。即 $LS_{i-j} = TF_{i-j} + ES_{i-j}$。

第五节 网络计划的优化

一、概述

1. 优化：在满足既定约束条件下，按某一目标，不断改善网络计划，寻找满意方案。

2. 优化目标：工期目标；资源目标；费用目标（按计划需要和条件选定）。

二、工期优化

工期优化是在网络计划的工期不满足要求时，通过压缩计算工期以达到要求工期目标，或在一定约束条件下使工期最短的过程。

工期优化一般是通过压缩关键工作的持续时间来达到优化目标。而缩短工作持续时间的主要途径，就是增加人力和设备等施工力量、加大施工强度、缩短间歇时间。因此，在确定需缩短持续时间的关键工作时，应按以下几个方面进行选择：

（1）缩短持续时间对质量和安全影响不大的工作；
（2）有充足备用资源的工作；
（3）缩短持续时间所需增加的工人或材料最少的工作；
（4）缩短持续时间所需增加的费用最少的工作。

可以根据以上要求直接选择需缩短的工作。也可按各方面因素对工程的影响程度，分别设置计分分值，将需缩短持续时间的工作分项进行评价打分，从而得到"优先选择系数"，对系数小者，应优先考虑压缩。

在优化过程中，要注意不能将关键工作压缩成非关键工作，但关键工作可以被动地（即未经压缩）变成非关键工作，关键线路也可以因此而变成非关键线路。当优化过程中出现多条关键线路时，必须将各条关键线路的持续时间压缩同一数值，否则不能有效地将工期缩短。

网络计划的工期优化步骤如下:
(1) 求出计算工期并找出关键线路及关键工作。
(2) 按要求工期计算出工期应缩短的时间目标 ΔT:
$$\Delta T = T_c - T_r$$
式中 T_c——计算工期;
  T_r——要求工期。

(3) 确定各关键工作能缩短的持续时间。
(4) 将应优先缩短的关键工作压缩至最短持续时间,并找出新关键线路。若被压缩的工作变成了非关键工作,则应将其持续时间延长,使之仍为关键工作。
(5) 若计算工期仍超过要求工期,则重复以上步骤,直到满足工期要求或工期已不能再缩短为止。

需要注意:当所有关键工作的持续时间都已达到其能缩短的极限、或虽部分关键工作未达到最短持续时间但已找不到继续压缩工期的方案,而工期仍未满足要求时,应对计划的技术、组织方案进行调整(如采取技术措施、改变施工顺序、采用分段流水或平行作业等),或对要求工期重新审定。

【例7】 已知某网络计划如图12-38所示。图中箭线下方或右侧的括号外为正常持续时间,括号内为最短持续时间;箭线上方或左侧的括号内为优选系数,优选系数愈小愈应优先选择,若同时缩短多个关键工作,则该多个关键工作的优选系数之和(称为组合优选系数)最小者亦应优先选择。假定要求工期为15d,试对其进行工期优化。

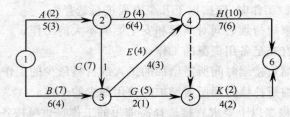

图12-38 例7的网络计划

【解】 (1) 用标号法求出在正常持续时间下的关键线路及计算工期。如图12-39所示,关键线路为 ADH,计算工期为18d。
(2) 计算应缩短的时间:$\Delta T = T_c - T_r = 18 - 15 = 3d$
(3) 选择应优先缩短的工作:各关键工作中 A 工作的优先选择系数最小。
(4) 压缩工作的持续时间:将 A 工作压缩至最短持续时间3d,用标号法找出新关键线路,如图12-40所示。此时关键工作 A

第五节 网络计划的优化

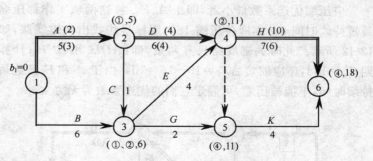

图 12-39 初始网络计划

压缩后成了非关键工作,故须将其松弛,使之成为关键工作,现将其松弛至 4d,找出关键线路如图 12-41,此时 A 成了关键工作。图中有二条关键线路,即 ADH 和 BEH。其计算工期 $T_c=17d$,应再缩短的时间为:$\Delta T_1 = 17 - 15 = 2d$。

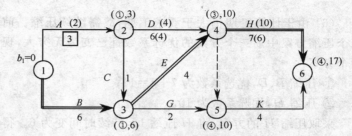

图 12-40 将 A 缩短至最短的网络计划

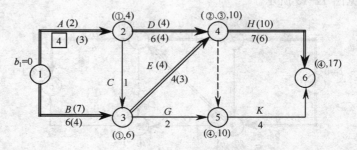

图 12-41 第一次压缩后的网络计划

(5) 由于计算工期仍大于要求工期,故需继续压缩。如图 12-42 所示,有 5 个压缩方案:
① 压缩 A、B,组合优选系数为 $2+7=9$;
② 压缩 A、E,组合优选系数为 $2+4=6$;
③ 压缩 D、E,组合优选系数为 $4+4=8$;
④ 压缩 D、B,组合优选系数为 $4+7=11$;
⑤ 压缩 H,优选系数为 10。

应压缩优选系数最小者,即压 A、E。将这两项工作都压缩至最短持续时间 3d,亦即各压缩 1d。用标号法找出关键线路,如图 12-42 所示。此时关键线路只有两条,即:ADH 和 BEH;计算工期 $T_c=16d$,还应缩短 $\Delta T_2=16-15=1d$。由于 A 和 E 已达最短持续时间,不能被压缩,可假定它们的优选系数为无穷大。

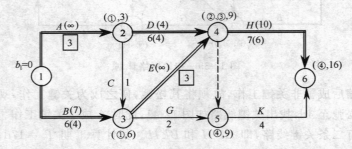

图 12-42 第二次压缩后的网络计划

(6) 由于计算工期仍大于要求工期,故需继续压缩。前述的五个压缩方案中前三个方案的优选系数都已变为无穷大,现还有两个方案:

① 压缩 B、D,优选系数为 $7+4=11$;
② 压缩 H,优选系数为 10。

采取压缩 H 的方案,将 H 压缩 1d,持续时间变为 6。得出计算工期 $T_c=15d$,等于要求工期,已满足了优化目标要求。优化方案见图 12-43 所示。

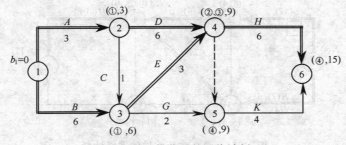

图 12-43 优化后的网络计划

上述网络计划的工期优化方法是一种技术手段,是在逻辑关系一定的情况下压缩工期的一种有效方法,但决不是惟一的方法。事实上,在一些较大的装饰工程项目中,调整好各专业之间及各工序之间的搭接关系、组织立体交叉作业和平行作业、适当调整网络计划中的逻辑关系,对缩短工期有着更重要的意义。

三、费用优化

在一定范围内,工程的施工费用随着工期的变化而变化,在工期与费用之间存在着最优解的平衡点。费用优化就是寻求最低成本时的最优工期及其相应进度计划、或按要求工期寻求最低成本及其相应进度计划的过程。因此费用优化又叫工期-成本优化。

1. 工期与成本的关系

工程的成本包括工程直接费和间接费两部分。在一定时间范围内,工程直接费随着工期的增加而减少,而间接费则随着工期的增加而增大,它们与工期的关系曲线见图 12-44。工程的总成本曲线是将不同工

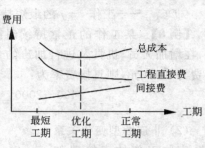

图 12-44　工期-费用关系曲线

期的直接费和间接费叠加而成,其最低点就是费用优化所寻求的目标。该点所对应的工期,就是网络计划成本最低时的最优工期。

间接费由企业管理费、财务费和其他费用构成,它与施工单位的管理水平、施工条件、施工组织等有关。间接费与时间的关系曲线通常近似为具有一定斜率的直线。

工程直接费包括直接费、其他直接费和现场经费。如果工期缩短,必然采取加班加点和多班制突击作业,增加非熟练工人,使用高价材料和劳动力,采用高价施工方法和机械,增加临时设施,在不利的季节施工等措施。因而随着工期缩短,工程直接费较正常工期将大幅度增加。但施工中存在着一个最短的极限工期。就某一项工作而言,根据工作的性质不同,其直接费和持续时间之间的关系通常有以下两种情况:

(1) 连续型变化关系

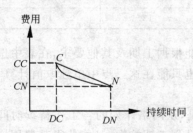

图 12-45　连续型的时间-直接费关系

有些工作的直接费随工作的持续时间改变而改变,呈连续性变化的直线或曲线、折线关系。当正常持续时间与最短持续时间之间的费用变化为曲线或折线时,为了简化计算,也常近似用直线代替(如图 12-45),从而可方便地求出缩短单位工作持续时间所需增加的直接费,即直接费费用增加率(简称直接费率)。如工作 $i-j$ 的直接费率 α_{i-j}^{D}:

$$\alpha_{i-j}^{D}=\frac{CC_{i-j}-CN_{i-j}}{DN_{i-j}-DC_{i-j}} \tag{12-1}$$

式中 CC_{i-j}——工作 $i-j$ 的最短持续时间直接费；
CN_{i-j}——工作 $i-j$ 的正常持续时间直接费；
DN_{i-j}——工作 $i-j$ 的正常持续时间；
DC_{i-j}——工作 $i-j$ 的最短持续时间。

【例8】 某工作的正常持续时间为6d，所需直接费为2000元，在增加人员、机具及进行加班的情况下，其最短时间4d，而直接费为2400元，则直接费率为：

$$\alpha_{i-j}^{D}=\frac{2400-2000}{6-4}=200 \quad (元/d)$$

(2) 非连续型变化关系

有些工作的直接费与持续时间是根据不同施工方案分别估算的，所以，直接费与持续时间的关系是相对独立的若干个点或短线。介于正常持续时间与最短持续时间的费用关系不能以线相连，因此不能用数学公式计算，工作不能逐天缩短，只能在几个方案中进行选择，如图12-46。

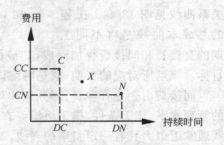

图12-46 非连续型的时间-直接费关系

如某铝合金门窗工程，采用不同施工方案时，其持续时间和费用见表12-1。

各方案的时间及费用表　　　　　　　表12-1

施工方案	厂家制作整体安装	厂家制作现场组装	现场制作安装
持续时间(d)	8	15	23
直接费用(万元)	15	13	10

所以在确定施工方案时，只能根据工期及其他要求，在表中选择某一种方案。在进行优化时，也只能在这三点中单独取值计算。

2. 费用优化的方法与步骤

工期-费用优化的基本方法是，从网络计划的各工作持续时间和费用关系中，依次找出既能使计划工期缩短、又能使得其费用增加最少的工作，不断地缩短其持续时间，同时考虑间接费叠加，即可求出工程成本最低时的相应最优工期或工期指定时相应的最低工程成本。优化步骤如下：

(1) 计算初始网络计划的工程总直接费和总费用

网络计划的工程总直接费等于各工作的直接费之和，用

第五节　网络计划的优化

ΣC_{i-j}^D 表示。

当工期为 t 时，网络计划的总费用 C_t^T 为：

$$C_t^T = \Sigma C_{i-j}^D + a^{ID} \cdot t \tag{12-2}$$

式中　ΣC_{i-j}^D——计算工期为 t 的网络计划的总直接费；

a^{ID}——工程间接费率，即工期每缩短或延长一个单位时间所需减少或增加的费用。

(2) 计算各项工作的直接费率

呈连续型变化时按公式(12-1)计算。

(3) 找出网络计划中的关键线路并求出计算工期

可用标号法计算找出。

(4) 逐步压缩工期，寻求最优方案

当只有一条关键线路时，将直接费率最小的一项工作压缩至最短持续时间，并找出关键线路。若被压缩的工作变成了非关键工作，则应将其持续时间延长，使之仍为关键工作。当有多条关键线路时，就需压缩一项或多项直接费率或组合直接费率最小的工作，并将其中正常持续时间与最短持续时间的差值最小的为幅度进行压缩，并找出关键线路。若被压缩工作变成了非关键工作，则应将其持续时间延长，使之仍为关键工作。

在压缩过程中，关键工作可以被动地(即未经压缩)变成非关键工作，关键线路也可以因此而变成非关键线路。

在确定了压缩方案以后，必须将被压缩工作的直接费率或组合直接费率值与间接费率进行比较，如等于间接费率，则已得到优化方案；如小于间接费率，则需继续按上述方法进行压缩；如大于间接费率，则在此之前的小于间接费率的方案即为优化方案。

(5) 列出优化表(表12-2)

优　化　表　　　　　　　　　　表12-2

缩短次数	被缩工作代号	被缩工作名称	直接费率或组合直接费率	*费率差(正或负)	缩短时间	费用变化(正或负)	工期	优化点
①	②	③	④	⑤	⑥	⑦=⑤×⑥	⑧	⑨
		** 费用变化合计						

* 费率差＝直接费率或组合直接费率－间接费率，得"正"或"负"值；

** 费用变化合计，只合计负值。

(6) 绘出优化后的网络计划

绘图后，在箭线上方注明直接费，箭线下方注明优化后的持续时间。

(7) 计算优化后网络计划的总费用

优化后的总费用＝(初始网络计划的总费用)－(费用变化合计的绝对值)；或按公式(12-2)计算，其结果应相同。

【例9】 已知网络计划如图12-47所示，图中箭线下方或右侧括号外数字为正常持续时间，括号内为最短持续时间；箭线上方或左侧括号外数字为正常直接费，括号内为最短时间直接费。间接费率为0.7万元/d，试对其进行费用优化。

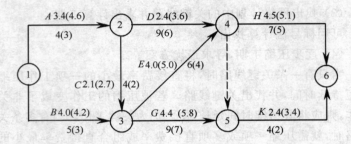

图12-47 例3的网络计划

注：费用单位：万元；时间单位：d。

【解】

(1) 用标号法找出网络计划中的关键线路并求出计算工期

如图12-48所示，关键线路为 $ACEH$ 和 $ACGK$，计算工期为21d。

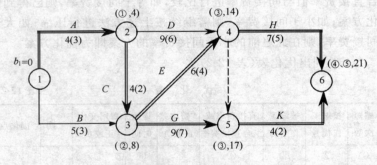

图12-48 网络计划的工期和关键线路

(2) 计算工程总直接费和总费用

工程总直接费：

$\sum C_{i-j}^{D} = 3.4+4.0+2.1+2.4+4.0+4.4+4.5+2.4$
$= 27.2$ （万元）

工程总费用：

$$C_{21}^{T}=\Sigma C_{i-j}^{D}+a^{ID}\cdot t=27.2+0.7\times 21=41.9 \text{ (万元)}。$$

(3) 计算各项工作的直接费率

$$a_{1-2}^{D}=\frac{CC_{1-2}-CN_{1-2}}{DN_{1-2}-DC_{1-2}}=\frac{4.6-3.4}{4-3}=1.2 \text{ (万元/d)};$$

$$a_{1-3}^{D}=\frac{4.2-4.0}{5-3}=0.1 \text{ (万元/d)};$$

$$a_{2-3}^{D}=\frac{2.7-2.1}{4-2}=0.3 \text{ (万元/d)};$$

$$a_{2-4}^{D}=\frac{3.6-2.4}{9-6}=0.4 \text{ (万元/d)};$$

$$a_{3-4}^{D}=\frac{5.0-4.0}{6-4}=0.5 \text{ (万元/d)};$$

$$a_{3-5}^{D}=\frac{5.8-4.4}{9-7}=0.7 \text{ (万元/d)};$$

$$a_{4-6}^{D}=\frac{5.1-4.5}{7-5}=0.3 \text{ (万元/d)};$$

$$a_{5-6}^{D}=\frac{3.4-2.4}{4-2}=0.5 \text{ (万元/d)}。$$

将各项工作的直接费率标于水平箭线上方或竖向箭线左侧括号内，见图12-49。

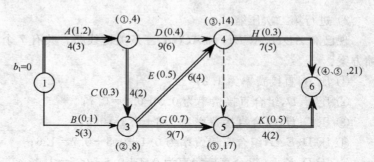

图12-49 初始网络计划

(4) 逐步压缩工期，寻求最优方案

1) 进行第一次压缩

有两条关键线路 $ACEH$ 和 $ACGK$，直接费率最低的关键工作为 C，其直接费率为 0.3 万元/d（以下简写为 0.3），小于间接费率 0.7 万元/d（以下简写为 0.7）。尚不能判断是否已出现优化点，故需将其压缩。现将 C 压至最短持续时间 2，找出关键线路，如图12-50所示。

由于 C 被压缩成了非关键工作，故需将其松弛，使之仍为关键工作，且不影响已形成的关键线路 $ACEH$ 和 $ACGK$。第一次

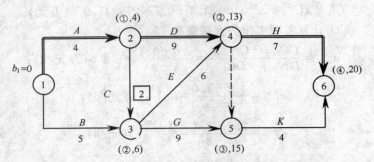

图 12-50 将 C 压至最短持续时间 2 时的网络计划

压缩后的网络计划如图 12-51 所示。

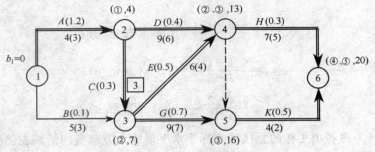

图 12-51 第一次压缩后的网络计划

2) 进行第二次压缩

现已有 ADH、ACEH 和 ACGK 三条关键线路。共有 7 个压缩方案：

① 压 A，直接费率为 1.2；
② 压 C、D，组合直接费率为 $0.3+0.4=0.7$；
③ 压 C、H，组合直接费率为 $0.3+0.3=0.6$；
④ 压 D、E、G，组合直接费率为 $0.4+0.5+0.7=1.6$；
⑤ 压 D、E、K，组合直接费率为 $0.4+0.5+0.5=1.4$；
⑥ 压 G、H，组合直接费率为 $0.7+0.3=1.0$；
⑦ 压 H、K，组合直接费率为 $0.3+0.5=0.8$。

决定采用诸方案中直接费率和组合直接费率最小的第 3 方案，即压 C、H，组合直接费率为 0.6，小于间接费率 0.7，尚不能判断是否已出现优化点，故应继续压缩。由于 C 只能压缩 1d，H 随之只可压缩 1d。压缩后，用标号法找出关键线路，此时关键线路只有 ADH 和 ACGK 两条。E 未经压缩而被动地变成了非关键工作。第二次压缩后的网络计划如图 12-52 所示。

3) 进行第三次压缩

如图 12-52 所示，由于 C 的费率已变为无穷大，故只有 5 个压

第五节 网络计划的优化

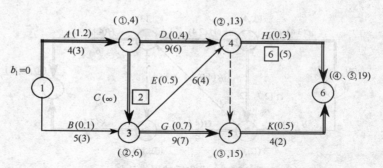

图 12-52 第二次压缩后的网络计划

缩方案：
① 压 A，直接费率为 1.2；
② 压 D、G，组合直接费率为 $0.4+0.7=1.1$；
③ 压 D、K，组合直接费率为 $0.4+0.5=0.9$；
④ 压 G、H，组合直接费率为 $0.7+0.3=1.0$；
⑤ 压 H、K，组合直接费率为 $0.3+0.5=0.8$。

由于各压缩方案的直接费率均已大于间接费率 0.7，故已出现优化点。优化网络计划即为第二次压缩后的网络计划，如图 12-52 所示。

（5）列出优化表（表 12-3）

优 化 表　　　　　　表 12-3

缩短次数	被缩工作代号	被缩工作名称	直接费率或组合直接费率	费率差（正或负）	缩短时间	费用变化（正或负）	工期	优化点
①	②	③	④	⑤	⑥	⑦=⑤×⑥	⑧	⑨
0	—	—	—	—	—		21	
1	2—3	C	0.3	−0.4	1	−0.4	20	
2	2—3 4—6	C H	0.6	−0.1	1	−0.1	19	√
3	4—6 5—6	H K	0.8	+0.1	—	—		
费用变化合计						−0.5		

（6）绘出优化网络计划

如图 12-53 所示。图中被压缩工作压缩后的直接费确定如下：
1）工作 C 已压至最短持续时间，直接费为 2.7 万元；
2）工作 H 压缩 1d，直接费为 $4.5+0.3\times1=4.8$（万元）
（7）计算优化后的总费用

按优化表计算：$C_{19}^T=41.9-0.5=41.4$（万元）

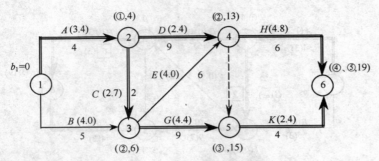

图 12-53 优化后的网络计划

按优化网络计划图计算：
$C_{19}^T = \Sigma C_{i-j}^D + \alpha^{ID} t$
$= (3.4+4.0+2.7+2.4+4.0+4.4+4.8+2.4)+0.7\times19$
$= 28.1+13.3=41.4$ （万元）

两种方法算出的总费用相同。

四、资源优化

资源是为完成施工任务所需的人力、材料、机械设备和资金等的统称。完成一项工程任务所需的资源量基本上是不变的，不可能通过资源优化将其减少。资源优化是通过改变工作的开始时间，使资源按时间的分布符合优化目标。如在资源有限时如何使工期最短，当工期一定时如何使资源均衡。

资源优化宜在时标网络计划上进行，本处介绍各项工作在优化过程中均不切分的优化方法。资源优化中的几个常用术语解释如下：

(1) 资源强度

一项工作在单位时间内所需某种资源的数量。工作 $i-j$ 的资源强度用 r_{i-j} 表示。

(2) 资源需用量

网络计划中各项工作在某一单位时间内所需某种资源数量之和。第 t 天资源需用量用 R_t 表示。

(3) 资源限量

单位时间内可供使用的某种资源的最大数量，用 R_a 表示。

1. 资源有限—工期最短的优化

该优化是通过调整计划安排，以满足资源限制条件，并使工期增加最少的过程。

(1) 优化的方法：

1) 若所缺资源仅为某一项工作使用，则只需根据现有资源重新计算该工作持续时间，再重新计算网络计划的时间参数，即可得

第五节 网络计划的优化

到调整后的工期。如果该项工作延长的时间在其时差范围内时,则总工期不会改变;如果该项工作为关键工作,则总工期将顺延。

2) 若所缺资源为同时施工的多项工作使用,则必须后移某些工作,但应使工期延长最短。调整的方法是将该处的一些工作移到另一些工作之后,以减少该处的资源需用量。如该处有两个工作 $m-n$ 和 $i-j$,则有 $i-j$ 移到 $m-n$ 之后或 $m-n$ 移到 $i-j$ 之后两个调整方案。如图 12-54。

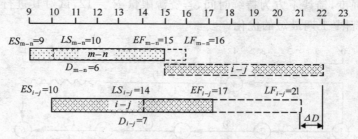

图 12-54　工作 $i-j$ 调整对工期的影响

将 $i-j$ 移至 $m-n$ 之后时,工期延长值:

$$\Delta D_{m-n,i-j} = EF_{m-n} + D_{i-j} - LF_{i-j}$$
$$= EF_{m-n} - (LF_{i-j} - D_{i-j})$$
$$= EF_{m-n} - LS_{i-j} \qquad (12-3)$$

或　　$\Delta D_{m-n,i-j} = EF_{m-n} - (ES_{i-j} + TF_{i-j})$。　　(12-4)

当工期延长值 $\Delta D_{m-n,i-j}$ 为负值或 0 时,对工期无影响;为正值时,工期将延长。故应取 ΔD 最小的调整方案。即要将 LS 值最大的工作排在 EF 值最小的工作之后。如本例中:

方案 1:将 $i-j$ 排在 $m-n$ 之后,则 $\Delta D_{m-n,i-j} = EF_{m-n} - LF_{i-j} = 15 - 14 = 1$ (d);

方案 2:将 $m-n$ 排在 $i-j$ 之后,则 $\Delta D_{i-j,m-n} = EF_{i-j} - LF_{m-n} = 17 - 10 = 7$ (d)。应选方案 1。

当 $\min\{EF\}$ 和 $\max\{LF\}$ 属于同一工作时,则应找出 EF_{m-n} 的次小值及 LF_{i-j} 的次大值代替,而组成两种方案,即:

$$\Delta D_{m-n,i-j} = (次小\ EF_{m-n}) - \max\{LF_{i-j}\};$$
$$\Delta D_{m-n,i-j} = \min\{EF_{m-n}\} - (次大\ LF_{i-j}),取小者的调整顺序。$$

(2) 优化步骤

1) 检查资源需要量

从网络计划开始的第 1d 起,从左至右计算资源需用量 R_t,并检查其是否超过资源限量 R_a。如果整个网络计划都满足 $R_t < R_a$,

则该网络计划就已经达到优化要求;如果发现 $R_t > R_a$,就应停止检查而进行调整。

2) 计算和调整

先找出发生资源冲突时段的所有工作,再按公式 12-3 或公式 12-4 计算 $\Delta D_{m-n,i-j}$,确定调整的方案并进行调整。

3) 重复以上步骤,直至出现优化方案为止。

【例 10】 已知网络计划如图 12-55 所示。图中箭线上方为资源强度,箭线下方为持续时间,若资源限量 $R_a=12$,试对其进行资源有限-工期最短的优化。

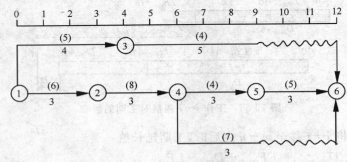

图 12-55 某工程网络计划

【解】

(1) 计算资源需量

如图 12-56 所示。至第 4d,$R_4=13 > R_a=12$,故需进行调整。

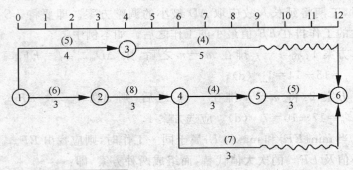

图 12-56 计算资源需要量,直至多于资源限量时停止

(2) 选择方案与调整:冲突时段的工作有 1—3 和 2—4,调整方案为:

方案一:1—3 移至 2—4 之后,$EF_{2-4}=6$,$ES_{1-3}=0$,$TF_{1-3}=3$,由公式 12-4 得:

$$\Delta T_{2-4,1-3}=6-(0+3)=3;$$

第五节 网络计划的优化

方案二：2—4 移至 1—3 之后，$EF_{1-3}=4$，$ES_{2-4}=3$，$TF_{2-4}=0$，由公式 12-4 得：

$$\Delta T_{1-3,2-4}=4-(3+0)=1。$$

决定先考虑工期增量较小的第二方案，绘出其网络计划如图 12-57 所示。

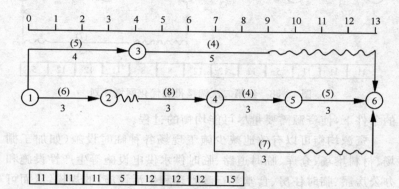

图 12-57 第一次调整，并继续检查资源需要量

（3）计算资源需要量

如图 12-57，计算至第 8d，$R_8=15>R_a=12$，故需进行第二次调整。

（4）进行第二次调整

发生资源冲突时段的工作有 3—6、4—5 和 4—6 三项。计算调整所需参数，见表 12-4。

冲突时段工作参数表　　表 12-4

工作代号	最早完成时间 EF_{i-j}	最迟开始时间 $LS_{i-j}=ES_{i-j}+TF_{i-j}$
3—6	9	8
4—5	10	7
4—6	11	10

从表中可看出，最早完成时间的最小值为 9，属 3—6 工作；最迟开始时间的最大值为 10，属 4—6 工作。因此，最佳方案是将 4—6 移至 3—6 之后，其工期增量将最小，即：$\Delta T_{3-6,4-6}=9-10=-1$。工期增量为负值，意味着工期不会增加。调整后的网络计划见图 12-58。

（5）再次计算资源需要量

如图 12-58，自始至终资源的需要量均小于资源限量，已达到优化要求。

2. 工期固定-资源均衡的优化

工期固定-资源均衡的优化是通过调整计划安排，在工期不变

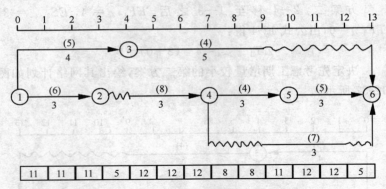

图 12-58　经第二次调整得到优化网络计划

的条件下,使资源需要量尽可能均衡的过程。

资源均衡可以有效地减少施工现场各种临时设施(如加工棚场、材料堆场、仓库、临时道路、临时供水供电设施等生产性设施和办公房屋、临时住房、食堂等行政管理和生活设施)的规模,从而可以节省施工费用。

(1) 衡量资源均衡的指标

衡量资源需要量的均衡程度常用三种指标,即不均衡系数、极差和均方差。

1) 不均衡系数 K:

不均衡系数是最大资源需要量与平均需要量之比值。即

$$K = \frac{R_{\max}}{R_{\mathrm{m}}} \tag{12-5}$$

式中　$R_{\max}$——资源的最大需要量;

　　　R_{m}——平均每日的资源需要量;

$$R_{\mathrm{m}} = \frac{1}{T}(R_1 + R_2 + R_3 + \cdots\cdots + R_T) = \frac{1}{T}\sum_{t=1}^{T} R_t \tag{12-6}$$

　　　T——计划工期;

　　　R_t——在第 t 天的资源需要量。

不均衡系数愈接近 1,说明资源需要量的均衡性愈好。

2) 极差值 ΔR:

极差值是指单位时间资源需要量与平均需要量之差的最大绝对值,即

$$\Delta R = \max[|R_t - R_{\mathrm{m}}|] \tag{12-7}$$

极差值愈小,资源需要量均衡性愈好。

3) 均方差值 σ^2:

均方差值是指每天计划需要量与每天平均需要量之差的平方和的平均值,即

第五节 网络计划的优化

$$\sigma^2 = \frac{1}{T}\sum_{t=1}^{T}[R_t - R_m]^2 \tag{12-8}$$

为使计算简便,将上式展开并作如下变换:

$$\sigma^2 = \frac{1}{T}\sum_{t=1}^{T}[R_t^2 - 2R_t R_m + R_m^2] = \frac{1}{T}\sum_{t=1}^{T}R_t^2 - 2\frac{1}{T}\sum_{t=1}^{T}R_t R_m + R_m^2$$

将式 6 $\left(\text{即}\ \frac{1}{T}\sum_{t=1}^{T}R_t = R_m\right)$ 代入,得:

$$\sigma^2 = \frac{1}{T}\sum_{t=1}^{T}R_t^2 - R_m^2 \tag{12-9}$$

上式中 T 与 R_m 为常数,因此,只要 R_t^2 最小就可使得均方差值 σ^2 最小。

为了明确上述三种资源均衡指标的计算,举例如下:

某网络计划如图 12-59 所示。箭线上方数字为该工作每日资源需要量,箭线下数字为持续时间。

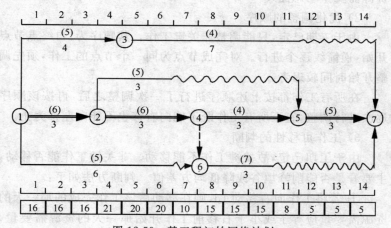

图 12-59 某工程初始网络计划

未调整时的资源需要量指标为:

① 不均衡系数 K:

$$K = \frac{R_{max}}{R_m} = \frac{R_4}{R_m} = \frac{21}{13.36} = 1.57$$

式中 $R_m = \frac{1}{14}[16 \times 3 + 21 \times 1 + 20 \times 2 + 10 \times 1 + 15 \times 3 + 8 \times 1 + 5 \times 3] = \frac{1}{14} \times 187 = 13.36$

② 极差值 ΔR:

$\Delta R = \max\{|R(t) - R_m|\} = \max\{|R_4 - R_m|, |R_{12} - R_m|\}$
$= \max\{|21 - 13.36|, |5 - 13.36|\} = \max\{|7.64|, |-8.36|\}$
$= 8.36$

③ 均方差值 σ^2：

$$\sigma^2 = \frac{1}{14}[16^2 \times 3 + 21^2 \times 1 + 20^2 \times 2 + 10^2 \times 1 + 15^2 \times 3 + 8^2 \times 1 + 5^2 \times 3] - 13.36^2$$

$$= \frac{1}{14}[256 \times 3 + 441 \times 1 + 400 \times 2 + 100 \times 1 + 225 \times 3 + 64 \times 1 + 25 \times 3] - 13.36^2$$

$$= \frac{1}{14} \times 2923 - 178.49 = 30.30$$

(2) 优化的步骤与方法

1) 按最早时间绘出符合工期要求的时标网络计划，找出关键线路，求出各非关键工作的总时差，逐日计算出资源需要量或绘出资源需要量动态曲线。

2) 优化调整的顺序

由于工期已定，只能调整非关键工作。其顺序为：自终点节点开始，逆箭线逐个进行。对完成节点为同一个节点的工作，须先调整开始时间较迟者。

在所有工作都按上述顺序进行了一次调整之后，再按该顺序逐次进行调整，直至所有工作既不能向右移也不能向左移为止。

3) 工作可移性的判断

由于工期已定，故关键工作不能移动。非关键工作能否移动，主要看是否能削峰填谷或降低均方差值。判断方法如下：

① 若将工作向右移动 1d，则在移动后该工作完成的那一天的资源需要量应等于或小于右移前工作开始那一天的资源需要量。也就是说不得出现削了高峰后，又填出新的高峰。若用 $k-l$ 表示被移工作，i、j 分别表示工作移动前开始和完成的那一天，则应满足下式要求：

$$R_{j+1} + r_{k-l} \leqslant R_i \tag{12-10}$$

若将工作向左移动一天，则在左移后该工作开始那一天的资源需要量应等于或小于左移动前工作完成那一天的资源需要量，否则也会产生削峰后又填谷成峰的问题。即应符合下式要求：

$$R_{i-1} + r_{k-l} \leqslant R_j \tag{12-11}$$

② 若将工作右移 1d 或左移 1d 不能满足上述要求，则要看右移或左移数天后能否减小 σ^2 值，用公式(12-9)进行判断。如果移动后能够减小 σ^2 值则应继续移动。由于公式(12-9)中的 T 与 R_m 不变，因此，只要 R_i^2 最小就可使得均方差值 σ^2 最小；又因未移动

第五节 网络计划的优化

部分的 R_t 不变,所以只需比较受移动影响部分的 R_t 值是否比移动前减小。即移动需满足如下条件:

向右移动时:

$$[(R_i-r_{k-l})^2+(R_{i+1}-r_{k-l})^2+(R_{i+2}-r_{k-l})^2+\cdots+(R_{j+1}+r_{k-l})^2+(R_{j+2}+r_{k-l})^2+(R_{j+3}+r_{k-l})^2+\cdots] \leq [R_i^2+R_{i+1}^2+R_{i+2}^2+\cdots+R_{j+1}^2+R_{j+2}^2+R_{j+3}^2+\cdots] \tag{12-12}$$

向左移动时:

$$[(R_j-r_{k-l})^2+(R_{j-1}-r_{k-l})^2+(R_{j-2}-r_{k-l})^2+\cdots+(R_{i-1}+r_{k-l})^2+(R_{i-2}+r_{k-l})^2+(R_{i-3}+r_{k-l})^2+\cdots] \leq [R_j^2+R_{j-1}^2+R_{j-2}^2+\cdots+R_{i-1}^2+R_{i-2}^2+R_{i-3}^2+\cdots] \tag{12-13}$$

【例11】 已知网络计划如图12-53所示。试对其进行工期固定-资源均衡的优化。

【解】

(1) 向右移动工作6—7,按公式12-10判断如下:

$R_{11}+r_{6-7}=8+7=15=R_8=15$ （可右移1d）

$R_{12}+r_{6-7}=5+7=12<R_9=15$ （可再右移1d）

$R_{13}+r_{6-7}=5+7=12<R_{10}=15$ （可再右移1d）

此时,已将工作6—7移至其原有位置之后,能否再移动需待列出调整表后进行判断。如表12-5所示。

移动工作6—7后的资源调整表　　　　　　　　　　表12-5

时　间	1	2	3	4	5	6	7	8	9	10	11	12	13	14
原资源量	16	16	16	21	20	20	10	15	15	15	8	5	5	5
调整量								−7	−7	−7	+7	+7	+7	
现资源量	16	16	16	21	20	20	10	8	8	8	15	12	12	5

从表5可看出,工作6—7还可向右移动,即

$R_{14}+r_{6-7}=5+7=12<R_{11}=15$ （可再右移1d）

至此工作6—7已移到网络计划的最后,不能再移。移动后资源需要量变化情况见表12-6。

再次移动工作6—7后的资源调整表　　　　　　　　表12-6

时　间	1	2	3	4	5	6	7	8	9	10	11	12	13	14
原资源量	16	16	16	21	20	20	10	8	8	8	15	12	12	5
调整量											−7			+7
现资源量	16	16	16	21	20	20	10	8	8	8	8	12	12	12

(2) 向右移动 3—7：

$R_{12}+r_{3-7}=12+4=16<R_5=20$ （可右移 1d）

$R_{13}+r_{3-7}=12+4=16<R_6=20$ （可再右移 1d）

从表 12-6 可明显看出，工作 3—7 已不能再向右移动。此时资源需要量变化情况如表 12-7 所示。

移动工作 3—7 后的资源调整表　　　　表 12-7

时　间	1	2	3	4	5	6	7	8	9	10	11	12	13	14
原资源量	16	16	16	21	20	20	10	8	8	8	8	12	12	12
调 整 量					−4	−4						+4	+4	
现资源量	16	16	16	21	16	16	10	8	8	8	8	16	16	12

(3) 向右移动 2—5：

$R_7+r_{2-5}=10+5=15<R_4=21$ （可右移 1d）

$R_8+r_{2-5}=8+5=13<R_5=16$ （可再右移 1d）

$R_9+r_{2-5}=8+5=13<R_6=16$ （可再右移 1d）

此时，已将 2—5 移至其原有位置之后，能否再移动需待列出调整表后进行判断。如表 12-8 所示。

移动工作 2—5 后的资源调整表　　　　表 12-8

时　间	1	2	3	4	5	6	7	8	9	10	11	12	13	14
原资源量	16	16	16	21	16	16	10	8	8	8	8	16	16	12
调 整 量					−5	−5	−5	+5	+5	+5				
现资源量	16	16	16	21	11	11	15	13	13	13	8	16	16	12

从表 12-8 可看出，工作 2—5 还可向右移动，即

$R_{10}+r_{2-5}=8+5=13<R_7=15$ （可右移 1d）

$R_{11}+r_{2-5}=8+5=13=R_8=13$ （可再右移 1d）

从图中可以看出，工作 2—5 已无时差，不能再向右移动。此时资源需要量变化情况如表 12-9 所示。

再移动工作 2—5 后的资源调整表　　　　表 12-9

时　间	1	2	3	4	5	6	7	8	9	10	11	12	13	14
原资源量	16	16	16	21	11	11	15	13	13	8	8	16	16	12
调 整 量							−5	−5		+5	+5			
现资源量	16	16	16	21	11	11	10	8	13	13	13	16	16	12

为了明确看出其他工作能否右移，绘出经以上调整后的网络计划，如图 12-60。

(4) 向右移动 1—6：

$R_7 + r_{1-6} = 10 + 5 = 15 < R_1 = 16$ （可右移 1d）

$R_8 + r_{1-6} = 8 + 5 = 13 < R_2 = 16$ （可再右移 1d）

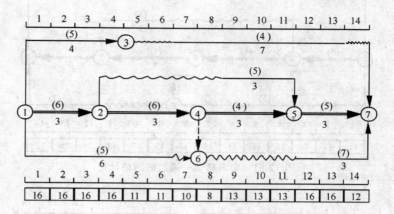

图 12-60　右移 6—7、3—7、2—5 后的网络计划

从图 12-60 可看出，工作 1—6 已不能再向右移动。此时资源需要量变化情况如表 12-10 所示。

移动工作 1—6 后的资源调整表　　表 12-10

时　间	1	2	3	4	5	6	7	8	9	10	11	12	13	14
原资源量	16	16	16	16	11	11	10	8	13	13	13	16	16	12
调整量	−5	−5					+5	+5						
现资源量	11	11	16	16	11	11	15	13	13	13	13	16	16	12

(5) 可明显看出，工作 1—3 不能向右移动。

至此，第一次向右移动已经完成，其网络计划如图 12-61。

(6) 由图 12-61 可看出，工作 3—7 可以向左移动，故进行第二次移动，按公式(12-11)判断如下：

$R_6 + r_{3-7} = 11 + 4 = 15 < R_{13} = 16$ （可左移 1d）

$R_5 + r_{3-7} = 11 + 4 = 15 < R_{12} = 16$ （可再左移 1d）

至此，工作 3—7 已移动最早开始时间，不能再移动。

其他工作向左移或向右移均不能满足公式 12-10 或公式 12-11 的要求。至此已完成该网络计划的优化。优化后的网络计划见图 12-62。

(7) 计算优化后的各项资源均衡指标

1) 不均衡系数：

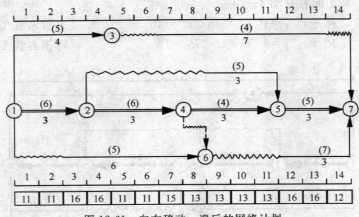

图 12-61 向右移动一遍后的网络计划

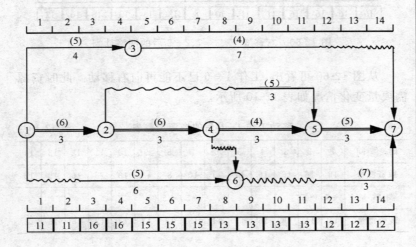

图 12-62 优化后的网络计划

$$K=\frac{R_{\max}}{R_{\mathrm{m}}}=\frac{R_4}{R_{\mathrm{m}}}=\frac{16}{13.36}=1.20$$

2) 极差值

$$\Delta R=\max\{|R(t)-R_{\mathrm{m}}|\}=\max\{|R_4-R_{\mathrm{m}}|,|R_{12}-R_{\mathrm{m}}|\}$$

$$=\max\{|16-13.36|,|11-13.36|\}=\max\{|2.64|,|-2.36|\}$$

$$=2.36$$

3) 均方差值

$$\sigma^2=\frac{1}{14}[11^2\times2+16^2\times2+15^2\times3+13^2\times4+12^2\times3]-13.36^2$$

$$=\frac{1}{14}[121\times2+256\times2+225\times3+169\times4+144\times3]-13.36^2$$

$$= \frac{1}{14} \times 2537 - 178.49 = 2.72$$

(8) 与初始网络计划比较,各项资源均衡指标降低百分率为:
1) 不均衡系数
$$\frac{1.57 - 1.20}{1.57} \times 100\% = 23.57\%$$

2) 极差值
$$\frac{8.36 - 2.36}{8.36} \times 100\% = 71.77\%$$

3) 均方差值
$$\frac{30.30 - 2.72}{30.30} \times 100\% = 91.02\%$$

可见,经优化调整后,各项资源均衡指标均有不同程度的好转,特别是后两项指标有了较大幅度的降低。

第十三章 单位工程施工组织设计

第一节 概述

一、单位工程施工组织的内容

1. 工程概况及特点;
2. 施工方案;
3. 施工进度计划;
4. 资源需要量计划;(劳动力、材料、构件、加工品、机械等)
5. 施工准备工作计划;
6. 施工平面图;
7. 各项技术、组织措施;(保证质量、安全放火、技术节约、保护环境、季节性施工);
8. 技术经济指标分析及结束语。

根据工程情况,简详均可。简略:标准图、熟悉、简单的或一个大项目中的单位工程;

详细:新的、复杂的扩建或新建。

二、编制意义

1. 确保工程施工任务如期、圆满地完成;
2. 是进行投标、获得工程任务、提高企业信誉的重要保证。

三、编制依据(10条)

1. 文件、合同;
2. 施工组织总设计;
3. 年度计划;
4. 预算文件;
5. 资源配备情况;
6. 水电供应情况;
7. 设备安装对土建要求;
8. 甲方提供的条件;

9. 现场具体情况;
10. 土地申请、施工执照、规范、定额。

四、工程概况及特点分析

(一) 形式

文字式或表格式,最好配有简要图纸(平、立、剖面)

(二) 编写目的

1. 编制者心中有数,以便合理选择方案,提出相应技术措施;
2. 审批人了解情况,以便判断方案、措施是否可行。

(三) 内容

1. 工程建设概况
   (1) 建设单位;
   (2) 建设地点;
   (3) 工程性质、名称、用途;
   (4) 资金来源及造价;
   (5) 开竣工日期;
   (6) 设计单位;
   (7) 施工总分包单位;
   (8) 上级有关文件、要求;
   (9) 施工图纸情况;
   (10) 施工合同签订等。

2. 设计概况
   (1) 建筑:
   1) 面积、层数、层高及总高;
   2) 平、立面形状及尺寸;
   3) 使用功能、交通布局、屋面构造等。
   (2) 结构:
   1) 基础形式及埋深;
   2) 结构类型;
   3) 主要构件的材料及类型;
   4) 抗震设防情况等。
   (3) 装饰:
   门窗、地面、室外墙面、室内墙面、顶棚等主要装饰装修作法。
   (4) 设备:
   水、电、通风、空调、通信、消防、自控等各系统构成简况。

3. 主要工作量、工程量(列表)
   应适当归纳统计,以便明确工程的重点项目。

4. 建设地点特征

第十三章 单位工程施工组织设计

(1) 位置、地形、工程地质、水文地质条件；

(2) 当地气温、风力、主导风向，雨量、冬雨期时间，冻层深度等。

5. 施工条件

(1) "三通一平"情况；场地四周环境；

(2) 劳动力、材料、构件、加工品、机械供应和来源情况；

(3) 施工技术和管理水平；

(4) 现场暂设工程的解决办法等。

6. 特点分析

主要从工程量、工期、工程复杂程度、质量要求、施工条件、地点特征、资金等方面，分析其特点，以便制定相应措施和合理的方案。

第二节 施工方案的选择

（施工部署与施工方法）

一、内容

1. 确定施工展开程序；

2. 划分施工段；

3. 确定施工起动流向；

4. 确定施工顺序；

5. 选择施工方法和施工机械。

二、施工展开程序的确定

1. 开工前后的展开程序：

施工准备→开工报告及审批→开始施工。

2. 单位工程的展开程序：(各分部工程间的先后顺序与相互关系)

(1) 一般建筑：

1) 先地下，后地上；

2) 先主体，后围护；

3) 先结构，后装饰；

4) 先土建，后设备。

(2) 工业厂房的土建与设备：

1) 先土建，后设备（封闭式施工）。

一般机械厂房：结构完→设备安装；

精密工业厂房：装修完→设备安装。

2) "先设备，后土建"（敞开式施工）。

第二节 施工方案的选择

重工业(冶金,发电厂…)。

3)设备与土建同时进行。互相创造条件者。

三、划分施工段

(一)按照分段原则和方法

见演示图。

(二)分段注意

(1)基础少分段;

(2)主体按主导施工过程分段;

(3)装饰以层分段或每层再分段。

(三)几种常见建筑的分段

1. 多层砖混住宅

(1)结构:2~3个单元为1段,每层分2~3段以上(面积小者栋号流水);

(2)外装饰:宜按脚手架步数分施工层,每层再分段(可按墙面);

(3)内装饰:每单元为1段或每层分2~3段。

2. 单层工业厂房

(1)基础:按模板配置量分段;

(2)预制构件:分类、分跨,考虑模板量分段;

(3)吊装:按吊装方法和机械数量考虑;

(4)围护结构:按墙长对称分段,与脚手架、圈梁、雨棚等配合;

(5)屋面:分跨或以伸缩缝分段;

(6)装饰:自上至下或分区进行。

3. 现浇框架结构公共建筑

(1)独立基础:按模板配置量分段;

(2)结构:每层宜分为3段以上,每段宜有15~20根柱子以上的面积。

(3)屋面:宜以变形缝分段;

4. 大模板施工高层住宅

(1)箱形基础:有防水混凝土时不宜分段,有后浇带者可按后浇带分段;

(2)主体结构:每层宜分为4~6个流水段。

四、施工起点流向的确定

指在平面或竖向空间开始施工的部位及其流动方向。

确定时应考虑的因素:

1. 建设单位的要求:生产或使用要求急的区段、部位先施工;

2. 施工的繁简程度：技术复杂、进度慢、工期长的部位先施工；

3. 施工方便、构造合理：基坑开挖从距大门的远端开始；基础施工先深后浅；

屋面防水"先高跨后低跨"，"从檐口至屋脊"等；

4. 保证工期和质量：装饰"先外后内"、"自上至下"。

五、分部分项工程的施工顺序

(一) 确定施工顺序的原则

1. 符合施工工艺及构造的要求；

如：支模→浇混凝土，安门框→墙地抹灰。

2. 与施工方法及采用的机械协调；

如：硬架支模与一般方法；外贴与内贴法；履带吊与桅杆式吊装单厂。

3. 符合施工组织的要求（工期、人员、机械）；

如：地面灰土垫层是在砌墙前，还是砌墙后？

4. 保证施工质量；

如：踢脚与墙面抹灰；地面、顶棚、墙面抹灰顺序。

5. 有利于成品保护；

如：装饰先外后内；屋面防水后做内装饰；油漆→壁纸→地毯。

6. 考虑气候条件；

如：室外与室内的装饰装修。

7. 符合安全施工要求；

如：装饰与结构隔层施工。

(二) 几种房屋的施工顺序

1. 砖混住宅

五个分部工程：基础、主体结构、屋面、装饰、水电暖卫气等管线与设备。

三个阶段：基础；主体结构；屋面、装饰、设备安装。

(1) 基础工程（正负零或防潮层以下）：

放线→挖土→打钎验槽→（地基处理）→做垫层→砌基础→一次回填→暖沟、圈梁→二次回填及地面垫层。

(2) 主体结构（硬架支模）：

扎构造柱筋→砌墙（搭脚手架、安过梁、安门窗口或木砖）→支构造柱模→浇构造柱混凝土→扎圈梁筋→支圈梁模→安装楼板、楼梯、阳台板→板缝、现浇板支模→扎筋→浇混凝土→上一层。

(3) 装饰阶段各工序间的一般顺序：

1) 钢门窗、木门窗框安装——砌墙后，抹灰前；

2) 木门窗扇安装——墙、地抹灰后；

3) 铝合金或塑料门窗——大面积抹灰之后；

4) 地面、踢脚或墙裙、墙面、顶板抹灰的两种顺序：

① 地面（养护）→踢脚或墙裙→顶棚→墙面；（特点：地面、踢脚不空鼓，但工期长）

② 顶棚→墙面（抹至距踢脚或墙裙上口 50～100 处，清理落地灰）→地面（养护）→踢脚或墙裙→补齐墙面；（特点：地面易空鼓，但工期短，利于保护地面）

5) 刷钢窗油漆——抹灰之后、安玻璃之前两遍，交活前最后一遍；

6) 刷顶棚、墙面涂料——抹灰干燥 2～4 周以上，门窗安装后，木制品油漆前；

7) 裱糊——油漆涂料后，地毯铺设前。

2. 装配式单厂

五个施工阶段：基础工程，预制工程，结构安装工程，围护、屋面、装饰工程，设备安装工程。

(1) 基础：挖土→混凝土垫层→杯基扎筋→支模→浇混凝土→养护→拆模→回填土。

设备基础：开敞式——与柱基同时（先深后浅）；
封闭式——结构完后

(2) 预制

1) 柱：地胎模→扎筋→支侧模→浇混凝土（安木芯模）→养护→拆模。

2) 屋架：砖底模→扎筋、埋管→支模（安预制腹杆）→浇混凝土→抽芯→养护→穿预应力筋、张拉、锚固→灌浆→养护→翻身吊装。

(3) 吊装：准备→吊装柱子→吊装吊车梁、地梁→吊装屋盖系统。

(4) 围护、屋面、装饰：

1) 围护：砌墙（搭脚手架）浇圈梁、门框、雨棚。

2) 装饰：安门窗→内外墙勾缝→顶、墙喷浆→门窗油漆玻璃→地面、勒脚、散水。

(5) 设备安装（略）。

3. 现浇框架公共建筑

分为：基础工程；主体结构工程；围护、屋面、装饰工程；水暖电等设备安装工程。

(1) 基础工程：定位放线→开挖基坑→验槽→浇垫层混凝土

→扎基础钢筋;

(2) 主体结构工程:放线→扎柱筋→支柱模→浇柱子混凝土→养护→拆模→支梁底模→扎梁钢筋→支梁侧模、楼板模→扎楼板钢筋→浇筑梁、楼板混凝土;

(3) 围护、屋面、装饰工程(略)。

六、施工方法和施工机械的选择

(一) 基本要求

1. 以主要分部分项工程为主(工程量大、工期长、重要的;新工艺、新技术、新结构、质量要求高的;特殊结构、不熟悉、缺乏经验的)。

2. 符合总设计的要求。

3. 满足施工技术的要求(如:机械型号)。

4. 提高工厂化、机械化程度(如:混凝土构件、预制磨石、钢筋加工)。

5. 满足先进、合理、可行、经济的要求(分析、比较、计算)。

6. 满足工期、质量、安全要求。

(二) 机械选择

1. 选择的内容:

类型、型号、数量。

2. 选择的原则:

(1) 满足施工工艺的要求;

(2) 有获得的可能性;

(3) 经济合理且技术先进。

(三) 几种常见建筑物施工方法的选择内容

1. 多层砖混住宅

(1) 基础工程:挖土为主,垫层、砌砖基、回填等为辅。

1) 挖土方法:

① 人工挖。土方量不大、不深的槽。

② 机械挖。土方量大、深、有地下室的大开挖。

③ 选择机械的类型、型号,计算数量;(据工期、工程量、定额等)。

④ 提出进场时间、开挖的起点流向、开行路线(附图)。

2) 开挖的技术措施:

① 放坡、加大工作面;

② 直壁加支撑否;

③ 防止超挖的措施;

④ 排降水及防雨措施;

⑤挖土量、回填留量,堆放、弃土方法;
⑥其他措施(打钎验槽、流沙防范)。
(2)主体结构:
施工过程:砌墙(搭脚手架、井架、马道,安过梁、预制休息平台);现浇钢筋混凝土(圈梁、构造柱、雨棚、部分楼板);吊装梁、板构件。
1)脚手架:搭设材料;搭设方式(内、外,单、双排);搭设方法及要求。
2)垂直运输:设备类型及型号选择;进场时间、安装要求。
3)模板选择,砌墙、吊装、钢筋、混凝土等施工要求,支模、支撑方案图。
(3)屋面、装饰、设备安装:
着重于:
1)垂直、水平运输方法;
2)必要的技术措施(防水基层处理,地面养护,样板间、块);
3)协调配合关系。
2. 装配式钢筋混凝土单层厂房
(1)基础工程
1)挖土方法:人工、机械;要求及技术措施:放坡,基底标高控制,堆弃土,降水。
2)杯基施工:
①主要:模板选择,支模方法。
②次要:垫层制作、钢筋绑扎、混凝土浇捣养护、拆模等方法措施。
③施工机械:混凝土;钢筋;木加工。
3)回填土:
①施工方法:人工回填、分层夯实;回填后,碾压场地2~3遍;
②机械:蛙式夯、压路机。
(2)现场预制工程
1)平面布置图
①先确定吊装方法和顺序,再画预制布置图。
②柱子布置方式:斜向(旋转法)、纵向、横向可2~3根叠浇,排列次序取决于就位次序;
③屋架布置方式:
a. 正面斜向、正反斜向、正反纵向;
b. 可3~4榀叠浇,排列次序取决于吊装就位次序;

c. 留出抽管、穿筋距离，下榀达到30%混凝土强度后作上榀。
　2）模板选择
　① 底模：土胎模、砖胎模、多节架空支模；
　② 侧模：木模、钢模，固定夹具，支模方法图。（腹杆可先预制）
　3）钢筋、埋件、混凝土施工方法与要求
　4）预留孔道（或铺放预应力筋）
　a. 方法：钢管抽芯、胶管抽芯；
　b. 要求及措施。
　5）养护、预应力张拉：养护方法；混凝土强度；张拉机具选择，张拉方法，锚固及灌浆方法。
　(3) 结构吊装
　1）选择吊装方法（分件、综合）；
　2）起重机类型、型号选择，数量确定；
　3）吊装机械开行路线及吊装前的构件布置图；
　4）吊装准备（道路、机具、弹线、抄平、脚手架、爬梯、校正工具）；
　5）吊装工艺要求。
　(4) 围护结构
　1）脚手架选择（双排外脚手架、悬挂脚手架）
　2）垂直运输（井架、门架）；
　3）施工要求与措施。
　(5) 设备基础（略）
　(6) 屋面、门窗、地面及其他装饰（略）
　(7) 生产设备、电器、管道等（略）

第三节　施工计划的制定

一、施工计划：
（1）施工进度计划；
（2）施工准备工作计划；
（3）资源需要量计划。
二、施工进度计划
（一）概述
1. 施工进度计划的任务
1）确定主要分部分项工程名称及施工顺序；
2）确定各施工过程的延续时间；

3) 明确各施工过程间的衔接、穿插、平行、搭接等协作配合关系。

2. 作用

1) 指导现场的施工安排；

2) 确保施工进度和工期；

3) 是编制其它计划的依据。

3. 分类

1) 控制性计划。控制各分部工程的施工时间、互相配合与搭接关系；

用于：大型、复杂、工期长、资源供应不落实、结构可能变化等工程。

2) 指导(实施)性计划。具体确定各主要施工过程的施工时间、互相配合与搭接关系。

4. 形式

1) 图表(水平、垂直)。形象直观地表示各工序的工程量、劳动量，施工班组的工种、人数，施工的延续时间、起止时间。

2) 网络图。表示出各工序间的相互制约、依赖的逻辑关系，关键线路等。

5. 编制依据

1) 各种有关图纸；

2) 总设计；

3) 开竣工日期；

4) 气象资料、施工条件；

5) 施工方案；

6) 预算文件；

7) 施工定额；

8) 施工合同等。

(二) 划分施工项目(施工过程)及计算工程量 Q

1. 划分项目要求

1) 划分的粗细程度取决于进度计划的类型(控制性—粗，指导性—细)。

2) 适当合并，简明清晰。

如：防潮层合并于基础或主体；

较小量的同一构件几个项目合并(如地圈梁扎筋、支、浇、拆合为地圈梁施工)；

同一工种同时或连续施工的几个项目合并(如：砌内、外墙；勒脚、散水)。

3) 结合施工方案(如柱基坑开挖)。

4) 不占工期的间接施工过程不列项(如构件运输、中间检查验收等)。

5) 设备安装单独列项。

6) 按施工的先后顺序列项。

2. 工程量计算要求

1) 单位与定额一致;

2) 与方案的施工方法一致;

3) 分层分段流水时,要分层分段计算;

4) 利用预算文件时,要适当摘抄、汇总或重算;

5) 合并项目中各项应分别计算;

6) 其他项目及水、电、设备安装等可不算或由承包队计算。

(三) 计算劳动量及机械台班量 P

$$P = Q/S = Q \cdot H \text{(工日或台班)}$$

注意:1. 实际工作中,所用定额应参照国家、地区定额,并结合本单位实际情况,研究确定出本工程的定额水平。

2. 合并施工项目的处理方法:

(1) 各项分别计算后将劳动量(台班量)汇总;

(2) 同一工种施工的,求出其平均定额:

平均产量定额 $S_p = \dfrac{\Sigma Q}{\Sigma P} = \dfrac{Q_1 + Q_2 + \cdots + Q_n}{\dfrac{Q_1}{S_1} + \dfrac{Q_2}{S_2} + \cdots + \dfrac{Q_n}{S_n}}$;

平均时间定额 $H_P = \dfrac{\Sigma P}{\Sigma Q} = \dfrac{Q_1 H_1 + Q_2 H_2 + \cdots + Q_n H_n}{Q_1 + Q_2 + \cdots + Q_n}$。

(四) 确定施工项目的延续时间 T_i

1. 先定人员或机械数量及班制:

$$T_i = \dfrac{P_i}{R_i \cdot N_i}$$

式中 P_i——某施工过程所需的劳动量或机械台班数;

R_i——班组人数或机械台数;

人:考虑现有情况、现场条件、工作面、最小劳动组合;

机:考虑现有及获得情况、工作面、效率、维修、保养、备用;

N_i——工作班制,常取一班制。

当:工期紧;为提高机械使用率,加快周转;必须连续施工;为流水施工创造条件等情况下,可两班或三班。

当 T_i 太长(工期不允许)或太短(没必要)时,应调整 R_i 或 N_i,直至符合工期或合理可行。

2. 先确定延续时间,再计算人数或机械台数:$R_i = P_i/(T_i \times$

N_i)

计算出 R_i 后,要进行可获得情况、现场条件、工作面、最小劳动组合、机械效率等方面分析研究,采取合理措施或进行调整。

注意:工作班组与机械配合施工时,计算出 T_i 后,必须验算机械配合能力。

(五) 编制施工进度计划(画表或网络图)

1. 编制进度计划表

(1) 填写项目名称及计算数据。表头形式:

序号	工程名称		工程量		定额	劳动量		机械量		班制	人机数	延续时间	施工进度		
	分部	分项	数量	单位		工种	工日	型号	台班				××年三月		四月
													2 4 6 8 …	…	…
1	基础工程														
2															
3															
…															

(2) 初排施工进度

要求:

1) 按分部分项工程的先后顺序进行,一般采用分别流水,力争在某一分部或某些分项工程中组织节奏流水;

2) 分层分段画进度线;

3) 各工序间连接施工或搭接施工(据工艺上、技术上、组织安排上的关系);

4) 注意技术间歇及劳动力的均衡性。

(3) 检查与调整

1) 检查内容:

① 总工期是否符合规定;

② 技术、工艺、组织上是否合理;

③ 延续时间、起止时间合理否;

④ 有立体交叉或平行搭接的,在工艺上、质量、安全上是否正确;

⑤ 技术与组织上的停歇时间是否考虑了;

⑥ 有无劳动力、材料、机械使用过分集中或冲突现象。

2) 修改与调整需注意:

① 修改或调整某一项可能影响若干项;

② 修改或调整后工期要合理,且要符合方案或工艺要求;

③ 流水施工各参数应符合要求；
④ 进度计划应积极可靠、留有余地，以便执行中能修改与调整。

2. 编制网络计划

(1) 编制项目表(名称、工程量、劳动量、工种、人数、延续时间及节拍)；

(2) 绘制网络图(单代号或双代号；标时或时标)；

(3) 计算时间参数；

(4) 进行优化调整。

三、施工准备工作计划

内容：技术资料、施工组织、物资、现场及场外、季节性施工等方面。

要求：对施工准备的内容及负责单位和人员、准备的起止日期做出安排。

满足进度计划的要求；

表达方式：常以表格形式列出。

四、资源需要量计划

1. 劳动力需要量计划

据进度表统计每天所需工种及人数，按天(或旬、月)编计划。

2. 主要材料需要量计划

按进度表或施工预算中的工程量，列出名称、规格、数量、所需时间。

3. 构件需要量计划

(1) 钢筋混凝土、木、钢构件，混凝土制品等；

(2) 据施工图纸、进度计划、储备要求、现场条件编制；

(3) 列出品种、规格、图号、需要量、使用部位、加工单位、供应日期。

4. 施工机械需要量计划

(1) 据施工方案和进度计划编制；

(2) 列出机械、机具的名称、规格、型号、数量、使用的起止时间。

第四节 施工现场布置图的设计

一、概述

(一) 编制意义

1. 是安排布置现场的依据；
2. 是有计划、有组织和顺利施工的重要条件；
3. 是文明施工、加强现场管理的基础；

4. 是提高效率、加快进度、取得良好效益的保证。

(二) 要求

1. 分阶段绘图,不同施工阶段,布置内容不同;
2. 要考虑各施工阶段的变化和发展需要,水电管线、道路、房屋、仓库不要轻易变动;
3. 土建与设备安装共同协商,防止相互干扰;
4. 比例:一般 1:200～500。

二、设计内容

1. 已建、拟建的建筑物、构筑物及管线;
2. 测量放线标桩、地形等高线;
3. 垂直运输机械的位置、开行路线、控制范围;
4. 构件、材料、加工半成品及施工机具的堆场;
5. 生产、生活临时设施(搅拌站、输送泵站、加工棚、仓库、办公、道路、水电管线,宿舍、食堂、消防及安全设施等);
6. 必要的图例、比例尺,方向及风向标记。

三、设计依据

1. 原始资料:自然条件、技术经济条件;
2. 建筑设计资料:总平面图、管道位置图等;
3. 施工资料:施工方案、进度计划、资源需要量计划、业主能提供的设施;
4. 技术资料:定额、规范、规程、规定等。

四、设计原则

1. 布置紧凑,少占地;
2. 缩短运距,避免二次搬运;
3. 尽量少建临时设施,减少费用;
4. 临时设施的布置要方便生产和生活;
5. 要符合劳动保护、安全、防火、文明施工等要求。

经过多个方案比较,找出最合理、安全、经济、先进的布置方案。

五、设计的步骤与要求

(一) 场地基本情况

1. 场地的形状尺寸;
2. 已建和拟建建筑物或构筑物;
3. 已有的水源、电源及水电管线、排水设施;
4. 已有的场内、场外道路,围墙;
5. 施工需予以保护的树木、房屋及其他设施等。

(二) 起重及垂直运输机械的布置

1. 起重机的布置

位置、开行路线或塔道、控制范围、有关数据。
2. 固定式垂直运输设备
(1) 井架、门架、外用电梯位置：
1) 使地面及楼面上的水平运距最小或运输方便为目的；
2) 减少砌墙时留槎和以后的修补工作；
3) 应避开塔吊搭设，保证施工安全。
(2) 卷扬机的位置：
1) 应尽量使钢丝绳不穿越道路；
2) 距井架或门架的距离不宜小于15m，也不小于吊盘上升的最大高度；
3) 距拟建工程也不宜过近；
4) 距前面第一个导向滑轮的距离不得小于卷筒长度的20倍。
(三) 布置运输道路
1. 形状：宜用环状、"U"状；
2. 路面宽度：单车道3.5～4m，双车道5.5～6m，两侧设排水沟；
3. 转弯半径：单车道9～12m，双车道7m；
4. 高度：路面高于场地100～150mm，雨季起脊。
(四) 搅拌站、加工棚和构件、材料的布置
考虑运距、面积、尺寸、间距、位置、数量。
(五) 临时房屋
1. 根据进度计划中高峰期施工人数及面积定额确定；
2. 生产性、生活性适当分开；
3. 使用方便、不妨碍施工；尺寸适当；
4. 符合安全防火要求。
(六) 布置水电管网(具体设计计算见第十四章第五节)
1. 临时供水设施
(1) 用水量计算(以施工高峰期用水量最大的1d计算)：
1) 施工用水量 q_1；
2) 施工机械用水量 q_2；
3) 施工现场生活用水量 q_3；
4) 生活区生活用水量 q_4；
5) 消防用水量 q_5。
计算总用水量 Q：
当 $(q_1+q_2+q_3+q_4) \leqslant q_5$ 时，取 $Q=q_5+(q_1+q_2+q_3+q_4)/2$
当 $(q_1+q_2+q_3+q_4) > q_5$ 时，取 $Q=q_1+q_2+q_3+q_4$
当工地面积小于5公顷，且 $(q_1+q_2+q_3+q_4) < q_5$ 时，取

$Q=q_5$。

(2) 管径的选择：总管应取 $1.1Q$ 计算，以补偿不可避免的水管漏水损失。

(3) 管线的布置：

1) 宜枝状布置，使线路长度最短，但要通到各主要用水点；

2) 宜暗埋，在使用点引出，并设置龙头及阀门；

3) 管线不得妨碍在建或拟建工程，转弯宜为直角。

(4) 消火栓：

1) 应与主管相连，管径不小于 100mm；

2) 消火栓间距不大于 120m，每 5000m² 现场不少于一个；

3) 消火栓距房屋 5～25m，距路边不大于 2m，最好在转弯处；

4) 周围 3m 之内不能有任何堆物。

(5) 水泵的选择与布置

高层施工，应在地面设蓄水池和高压水泵（按管径和排水扬程选择），各层设消火栓。

2. 临时供电

(1) 用电量计算、选择变压器、场内干线的选择（三相五线制）。

(2) 变压器、线路的布置：

1) 变压器：应布置在现场边缘高压线接入处，离地应大于 30cm，在 2m 以外设高度不小于 1.7m 的围墙。

2) 配电线路：宜布置在围墙边或路边。

① 架空设置：电杆间距 25～35m，高度为 4～6m，距建筑物或脚手架不小于 4m，距塔吊所吊物体的边缘不小于 2m。

② 暗埋电缆：不能满足上述要求或在塔吊控制范围内，宜埋设电缆，深度不小于 0.6m，电缆上下均需铺 50mm 厚细砂，并覆盖砖等硬质保护层后再覆土，穿越道路或引出处加设防护套管。

3) 配电箱与开关箱：现场应设置总配电箱、分配电箱和开关箱。各用电器应单独设置开关箱。开关箱距用电器不得超过 3m，距分配电箱不超过 30m。

第五节 措施与技术经济指标

一、各项技术与组织措施（创造性劳动）

(一) 保证质量措施

关键是对本类工程经常发生的质量通病制定防治措施，并建立质量保证体系。主要应考虑以下内容：

(1) 有关建筑材料的质量标准、检验制度、保管方法和使用要

求;

(2) 主要工种工程的技术要求、质量标准和检验评定方法;

(3) 对可能出现的技术问题或质量通病的改进办法和防范措施;

(4) 新工艺、新材料、新技术和新结构以及特殊、复杂、关键部位的专门质量措施等。

(二) 安全施工措施

根据安全操作规程和安全技术规范,对施工中可能发生安全问题的环节进行预测,从而提出预防措施。主要包括:

(1) 高空作业、立体交叉作业的防护和保护措施;

(2) 施工机械、设备、脚手架、上人电梯的稳定和安全措施;

(3) 防火、防爆措施;

(4) 安全用电和机电设备的保护措施;

(5) 防止中毒的措施;

(6) 预防自然灾害(雷击、台风、洪水、地震、暑、冻、寒、滑等)的措施;

(7) 新技术、新材料、新结构、新工艺及特殊工程的专门安全措施等。

(三) 降低成本措施

要正确处理降低成本与提高质量、缩短工期三者的关系,以取得较好的综合效益。

(1) 节约劳动力、材料的措施;

(2) 节约机械设备费、工具费、临时设施费、间接费等的措施;

(3) 计算出经济效果和指标。

如:提高施工的机械化程度,改善机械的利用情况;采用新机械、新工具、新工艺、新材料和同效价廉的代用材料;采用先进的施工组织方法;改善劳动组织以提高生产率;减少材料运输距离和储运损耗等。

(四) 季节性施工措施

有冬雨期施工时应制定本项措施,以保证工程的施工质量、安全、工期和节约。

(1) 雨期施工:据当地的雨量、雨期及雨期施工的工程部位和特点制定措施。要在防淋、防潮、防泡、防淹、防质量安全事故、防拖延工期等方面,分别采用遮盖、疏导、堵挡、排水、防雷、合理储存、改变施工顺序、避雨施工、加固防陷等措施。

(2) 冬期施工:要根据当地的气温、降雪量、工程部位、施工内容及施工单位的条件,按有关规范及《冬期施工手册》等有关资料,制定保温、防冻、改善操作环境、保证质量、控制工期、安全施工、减少浪费的有效措施。

(五) 防止环境污染的措施

防止废水、废气、垃圾、粉尘、噪声污染的措施。

二、技术经济指标

1. 总工期。反映组织能力与生产力水平。

与定额规定工期、同类工程工期比较。

2. 单方用工。反映企业的生产效率及管理水平。

总用工数/建筑面积。

3. 质量优良品率。施工组织设计中确定的控制目标。

4. 主要材料节约指标。施工组织设计中确定的控制目标。

(1) 主要材料节约量＝预算用量－施工组织设计计划用量；

(2) 主要材料节约率＝主要材料计划节约额/主要材料预算金额。

5. 大型机械耗用台班数及费用。反映机械化程度和机械利用率。

(1) 单方耗用大型机械台班数＝耗用总台班数(台班)/建筑面积(m^2)；

(2) 单方大型机械费用＝计划大型机械费用(元)/建筑面积(m^2)。

6. 降低成本指标。施工组织设计中确定的控制目标。

(1) 降低成本额＝预算成本－施工组织设计计划成本；

(2) 降低成本率＝降低成本额(元)/预算成本(元)。

第十四章 施工组织总设计

第一节 概 述

一、施工组织总设计的内容
1. 工程概况；
2. 施工部署和主要建（构）筑物的施工方案；
3. 施工总进度计划；
4. 施工资源需要量计划；
5. 施工准备工作计划；
6. 施工总平面图；
7. 技术经济指标。

二、作用
1. 确定设计方案施工的可能性和经济合理性；
2. 为建设单位编制基本建设计划提供依据；
3. 为施工单位编制年、季计划提供依据；
4. 为组织物资、技术供应提供依据；
5. 保证及时、有效地进行全场性施工准备工作；
6. 规划建筑生产和生活基地的建设。

三、编制程序
见演示图。

四、编制的主要依据
1. 计划文件；
2. 设计文件；
3. 合同文件；
4. 建设地区的调查资料；
5. 定额、规范、政策法规、类似工程的经验资料。

五、工程概况的编制内容
1. 建设项目的特征；
2. 建设地区的特征；
3. 施工条件；
4. 其他内容。

第二节　施工部署和施工方案

一、确定工程展开程序
二、拟定主要项目的施工方案
三、明确施工任务划分与组织安排
四、编制施工准备工作计划

第三节　施工总进度计划

一、列出工程项目一览表并计算工程量
二、确定各单位工程的施工期限
三、确定各单位工程的竣工时间和相互搭接关系
考虑因素：
1. 保证重点，兼顾一般；
2. 要满足连续、均衡施工的要求；
3. 要满足生产工艺要求；
4. 认真考虑施工总平面图的空间关系；
5. 全面考虑各种条件限制。

四、安排施工进度
进度表或网络图
五、总进度计划的调整与修正

第四节　资源需要量计划

一、综合劳动力和主要工种劳动力计划
二、材料、构件及半成品需要量计划
三、施工机具需要量计划

第五节　全场性暂设工程

一、工地加工厂组织（类型、结构、面积）
二、工地仓库组织（类型、结构、储量、面积）
三、工地运输组织（运量、方式、工具数量、道路）
四、办公及福利设施组织（类型、面积）
五、工地供水组织

第十四章 施工组织总设计

(一) 类型：生产、生活、消防

(二) 规划

1. 确定用水量

(1) 施工用水量 q_1：以施工高峰期用水量最大的一天计算。

$$q_1 = K_0 \Sigma (Q_1 \times N_1) \times K_1 / (n \times 8 \times 3600) \quad (\text{L/s})$$

式中 K_0——未预计的施工用水系数(1.05~1.15)；
  Q_1——工种最大工程量(进度表查出)；
  N_1——工种工程用水定额(参考教材或施工手册)；
  K_1——施工用水不均衡系数(1.5)；
  n——每天工作班制。

(2) 施工机械用水量 q_2：

$$q_2 = K_0 \times \Sigma (Q_2 \times N_2) \times K_2 / (8 \times 3600) \quad (\text{L/s})$$

式中 Q_2——同种机械的台数；
  N_2——施工机械台班用水定额(参考其他教材或施工手册)；
  K_2——施工机械用水不均衡系数(2.0)。

(3) 施工现场生活用水量 q_3：

$$q_3 = P_1 \times N_3 \times K_3 / (n \times 8 \times 3600) \quad (\text{L/s})$$

式中 P_1——施工现场高峰昼夜人数(人)；
  N_3——施工现场生活用水定额(20~60L/人·班，视工种、气候而定)；
  K_3——施工现场生活用水不均衡系数(1.3~1.5)。

(4) 生活区生活用水量 q_4：

$$q_4 = P_2 \times N_4 \times K_4 / (24 \times 3600) \quad (\text{L/s})$$

式中 P_2——生活区居民人数(人)；
  N_4——生活区用水定额(参考其他教材或施工手册)；
  K_4——生活区用水不均衡系数(2~2.5)。

(5) 消防用水量 q_5：(参考其他教材或施工手册)。

(6) 总用水量 Q 的计算：

当 $(q_1+q_2+q_3+q_4) \leqslant q_5$ 时，取 $Q = q_5 + (q_1+q_2+q_3+q_4)/2$

当 $(q_1+q_2+q_3+q_4) > q_5$ 时，取 $Q = q_1+q_2+q_3+q_4$

当工地面积小于5公顷，且 $(q_1+q_2+q_3+q_4) < q_5$ 时，取 $Q = q_5$。

总用水量应取 $1.1Q$，以补偿不可避免的水管漏水损失。

2. 选择水源

(1) 供水管道；

(2) 天然水源。

3. 确定供水系统

(1) 确定取水设施：进水装置、进水管、水泵；

(2) 确定储水构筑物:水池、水塔、水箱;

(3) 确定供水管径:

$$D=[4Q\cdot 1000/(\pi\cdot V)]^{1/2}$$

式中　D——给水管的内径(mm);

V——管网中水的流速(1.2～1.5 m/s)。

(4) 选择管材:

1) 干管用钢管或铸铁管;

2) 支管用钢管。

六、工地供电组织

1. 用电量计算

总用电量为:$P=1.05\sim 1.1[K_1(\Sigma P_1/\cos\phi)+K_2\Sigma P_2+K_3\Sigma P_3+K_4\Sigma P_4]$(kVA)

式中　P_1——电动机额定功率(kW);

P_2——电焊机额定容量(kVA);

P_3——室内照明容量(kW);

P_4——室外照明容量(kW);

$\cos\phi$——电动机平均功率因数(0.65～0.75);

K_1——电动机同时使用系数(3～10 台:0.7;11～30 台:0.6;30 台以上:0.5);

K_2——电焊机同时使用系数(3～10 台:0.6);

K_3、K_4——室内、室外照明需要系数(0.8、1.0)。

室内、外照明也可按动力用电量的10%估算。各种机械及照明用电量可根据所选机械及设备参考施工手册或教材所给的功率和定额选用)。

2. 选择电源

3. 确定变压器

变压器的输出功率应为:$P\geqslant K(\Sigma P_{max}/\cos\phi)$(kVA)

式中　K——功率损失系数(1.05～1.1);

ΣP_{max}——变压器服务范围内,最大用电量的总和(kW);

$\cos\phi$——功率因数(0.75)。

变压器可参考施工手册或教材的性能表选用,所选变压器的额定容量应大于或等于1.1P。

4. 场内干线的选择(三相五线制)

按电流强度选择导线:$I=KP/(1.732V\cos\phi)$(A)

式中　I、V——线路上的电流强度(A)、电压(V);

K、P——需要系数、负载功率(取值同前用电量计算公式);

$\cos\phi$——功率因数(临时电路取0.7～0.75)。

第六节 施工总平面图

一、设计的内容

1. 一切地上、地下已有、拟建的建筑物、构筑物及其他设施的位置、尺寸;
2. 一切为全工地施工服务的临时设施的布置位置;
3. 永久性测量放线标桩位置。

二、设计的原则(6条)

三、设计的依据(5种)

四、设计步骤

1. 场外交通的引入(铁路、水路、公路);
2. 仓库与材料堆场;
3. 加工厂;
4. 内部运输道路;
5. 行政与生活临时设施;
6. 临时水电管网及其他动力设施。

五、设计优化方法

(一)场地分配优化法

(二)区域叠合优化法

(三)选点归邻优化法

(四)最小树选线优化法

六、施工总平面图的科学管理

习　题

A. 常规题部分

一、土方工程

1. 什么是土的可松性？可松性系数的意义如何？用途如何？
2. 土方边坡的形式有哪些？坡度如何表示？影响边坡大小的因素有哪些？边坡护面的方法有哪些？
3. 常用支护结构的挡墙形式有哪几种，各适用于何种情况？
4. 常用支护结构的支撑形式有哪几种，各适用于何种情况？
5. 基坑排水、降水的方法各有哪几种？各自适用范围如何？
6. 流砂发生的原因及防治方法有哪些？
7. 试述轻型井点及管井井点的组成与布置要求。
8. 单斗挖土机有哪几种类型？其工作特点及适用范围如何？
9. 基坑开挖时应注意哪些问题？
10. 推土机、铲运机的适用范围与提高效率的措施有哪些？
11. 试述土方填筑方法，对土料要求、压实要求。
12. 影响填土压实质量的因素有哪些？如何检查压实质量？
13. 某建筑场地方格网如图所示。方格边长为30m。试按挖填平衡的原则计算其土方量。

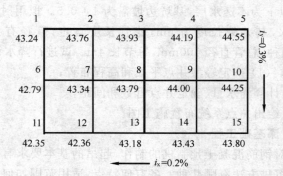

14. 某基坑底平面尺寸如图，基坑深4m，四边均按1：0.5的坡度放坡。土的可松性系数 $K_S=1.25$，$K_S'=1.08$，基坑内箱基的体积为1200m³。求基坑的土方量及需留回填用土的松散体积。

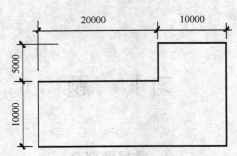

15. 已知下列土方调配分区及土方平衡运距表,试用表上作业法求解最优调配方案。

挖区 \ 填区	T_1	T_2	T_3	挖方量 (m³)
W_1	50	70	140	500
W_2	70	40	80	500
W_3	60	140	70	500
W_4	100	100	40	400
填方量 (m³)	800	600	500	1900

16. 某工程地下室,基坑底平面尺寸为 40m×16m,底面标高 −7.0m。已知地下水位面为 −3m,土层渗透系数 $K=15$m/d,−15m 以下为不透水层,基坑边坡需为 1:0.5。拟用射流泵轻型井点降水,其井管长度为 6m,滤管长度自定,管径有 38mm 和 51mm 两种;总管直径 100mm,每节长 4m。试进行降水设计。

要求:(1) 确定轻型井点平面和高程布置;
(2) 计算涌水量、确定井点管数和间距;
(3) 绘出井点系统布置施工图。

二、深基础工程

1. 对钢筋混凝土预制桩的制作、起吊的基本要求有哪些?
2. 沉桩方法有哪几种?各有何特点,适用范围如何?
3. 打桩桩锤的种类、特点有哪些?如何选用?
4. 如何确定打桩的顺序?
5. 对打桩施工的质量要求有哪些?

6. 灌注桩的成孔方法有哪几种？各种方法的特点及适用范围如何？

7. 对钻孔灌注桩的质量要求有哪些？易发生哪些质量问题，如何防止？

8. 沉管灌注桩有哪几种施工方法？各有何成桩工艺？

9. 地下连续墙的施工顺序如何？

10. 墩基础与沉井基础的施工有何区别？

三、砌筑工程

1. 对砌筑工程使用的砂浆有何要求（材料、配料、拌制、使用等方面）？

2. 对脚手架的基本要求有哪些？

3. 试述多立杆式外脚手架的一般构造及搭设要求。

4. 常用脚手架的类型有哪些？各自构造形式与使用要求有哪些？

5. 脚手架为何要设置连墙杆或连柱杆？设置要求和方法有哪些？

6. 砌筑工程的垂直运输工具有哪几种，对井架、门架的搭设安装有哪些要求？

7. 简述砖墙砌筑工艺过程。

8. 砌筑砖墙的施工要点有哪些？

9. 对砖墙砌体的质量要求有哪些？

10. 影响砖墙砂浆饱满度的因素有哪些？试述提高砂浆饱满度的意义及主要措施。

11. 砌筑砖墙时，留槎与接槎的要求有哪些？

12. 简述采用抗冻砂浆法进行冬施的要点。

13. 中小型砌块砌体的施工要点有哪些？

14. 轻质隔墙、填充墙的施工要点有哪些？

15. 某普通粘土砖清水墙的尺寸如图，墙厚为365mm，采用一顺一丁砌法。试排砖（外立面）。

四、混凝土结构工程

1. 钢筋冷拉的控制方法有哪些？各控制哪些参数？

2. 钢筋冷拔工艺有哪些？冷加工钢筋的使用有哪些限制？

习 题

3. 钢筋的焊接及机械连接方法有哪些？各自特点及适用范围如何？
4. 闪光对焊、电渣压力焊、气压焊质量检查有何相同与不同之处？
5. 电弧焊的焊条如何选择？接头形式及焊缝要求有哪些？
6. 钢筋绑扎安装的要点有哪些？
7. 钢筋代换方法及其适用范围如何？代换时应注意哪些问题？
8. 模板的作用及对模板的基本要求有哪些？
9. 柱、梁、楼板、圈梁、基础的模板构造与要求如何？大模、台模的构造如何？
10. 滑升模板的构造组成及滑升原理、施工要点如何？
11. 梁模板为何要起拱？何时起拱，起多少？
12. 什么叫硬架支模？何时采用该方法，有哪些优点？
13. 什么叫早拆模板体系？为什么要用早拆模板？
14. 模板设计需考虑哪些荷载？如何取值与组合？
15. 混凝土达到什么强度方可拆模？该强度如何确认？
16. 混凝土搅拌机按工作原理分为哪几类，各自特点及适用范围如何？
17. 如何进行施工配合比换算和配料计算？
18. 影响混凝土搅拌质量的因素有哪些？
19. 混凝土的运输有哪些要求？如何选择运输工具？泵送有哪些特殊要求？
20. 混凝土浇筑前应做哪些准备工作？
21. 对混凝土浇筑有哪些基本要求？混凝土浇筑要点有哪些？
22. 什么是混凝土施工缝？留设位置如何确定？留设方法与处理要求如何？
23. 混凝土振捣的目的与要求有哪些？如何选择振捣设备？
24. 什么是自然养护？有哪些具体做法与要求？
25. 厚大体积混凝土的浇筑方案及浇筑强度如何确定？如何防止开裂？
26. 混凝土质量检查的主要内容及要求有哪些？
27. 混凝土冬施的起止时间是如何规定的？混凝土早期受冻对后期强度有何影响，为什么？
28. 什么是混凝土受冻临界强度？不同水泥拌制的混凝土，临界强度为多少？

A. 常规题部分

29. 混凝土冬施方法有哪些？其特点及适用范围如何？

30. 冬施混凝土的材料、配合比及施工工艺有何特殊要求？材料加热温度有哪些要求？

31. 某冷拉设备用 50kN 慢速卷扬机，卷筒直径 $D=450\text{mm}$，转速 $N=8\text{r/min}$，青铜轴套滑车组 5 门，工作线数 $n=11$，实测设备阻力 $F=10\text{kN}$。今需冷拉一批直径为 28mm，已对焊成每根长 30m 的 HRB400 级钢筋。取四个试样测得，当冷拉应力为 530MPa 时的冷拉率为：2.2%、2.6%、2.9%、3.4%。试求：

(1) 冷拉设备的能力及拉伸速度；

(2) 采用冷拉率控制时的冷拉率和冷拉伸长值；

(3) 采用应力控制时的冷拉力及冷拉率限值。

32. 计算下图所示梁的钢筋下料长度（抗震结构），绘制出配料单。

注：各种钢筋单位长度的重量为：$\phi6(0.22\text{kg/m})$，$\phi12(0.88\text{kg/m})$，$\phi22(2.98\text{kg/m})$，$\phi25(3.58\text{kg/m})$。

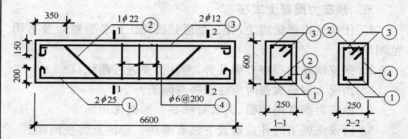

33. 某梁设计主筋为三根直径为 20mm 的 HRB335 级钢筋，今现场无 HRB335 级钢筋，拟用 HPB235 级直径 25mm 的钢筋代换，试计算需几根？若用直径为 20mm 的 HPB235 级钢筋代换，当梁宽为 250mm 时，可否单排配筋（箍筋直径为 6mm）？

34. 某钢筋混凝土墙体高 2.7m，厚为 0.18m。施工时采用塔式起重机吊 0.8m^3 的吊斗运输浇灌，浇筑速度为 3m/h，混凝土坍落度 50～70mm，不掺外加剂，混凝土温度为 20℃。求：

(1) 混凝土对模板的最大侧压力及侧压力分布图形；

(2) 进行墙体模板强度设计时的荷载取值。

35. 某混凝土试验配比为 1∶2.05∶4.11，水灰比为 0.62，每立方米混凝土的水泥用量为 290kg，实测现场砂石含水率为 3% 和 2%，试求：

(1) 混凝土的施工配合比；

(2) 若用出料容量为 375L 的搅拌机搅拌时，每盘各种材料的用量。

习 题

36. 某高层建筑的基础底板长 25m,宽 14m,深 1.2m,采用 C25 混凝土,要求连续浇筑,不留施工缝。现场搅拌站设 3 台 375L 搅拌机,每台实际生产率为 5m³/h,混凝土运输时间为 25min,混凝土温度为 25℃,气温为 27℃,每层浇筑厚度定为 60cm,试求:

(1) 确定混凝土浇筑方案(提示:初凝时间的取值,除应考虑计算值,还需满足混凝土浇筑允许间歇时间);

(2) 计算正常情况下浇筑所用时间。

37. 已知混凝土试验配比为 1∶2.5∶4.0,水灰比为 0.6,水泥用量为 300kg/m³。冬施时水泥为 3℃,砂为 2℃,石子为 -2℃,水加热至 75℃,砂石含水率为 3% 和 1%,搅拌棚内的温度为 10℃,采用掺防冻剂施工法。试计算混凝土出机温度是否满足要求?当采用塔吊吊浇灌斗直接运输浇灌,室外温度为 -5℃,运输时间为 20min,温度损失系数为 0.35 时,混凝土的入模温度能否满足最低要求?

五、预应力混凝土工程

1. 什么是先张法施工,什么是后张法施工?各自特点及适用范围如何?
2. 张拉钢筋的程序有哪几种,为什么要进行超张拉?
3. 预应力钢筋放张时应注意哪些问题?
4. 预应力筋常用的锚、夹具有哪些?如何选用?
5. 后张法施工的孔道留设方法有哪些?应注意哪些问题?
6. 后张法张拉钢筋时应注意哪些问题?如何进行孔道灌浆?
7. 无粘结预应力筋铺放定位应如何进行?
8. 某预应力屋架的孔道长 20.8m,预应力筋为直径 22mm 冷拉 HRB400 级钢筋,钢筋原料单根长 6m,冷拉率为 4%,弹性回缩率为 0.4%。试计算:

(1) 两端用螺丝端杆锚具时,预应力筋的下料长度;

(2) 确定张拉程序,计算张拉力;

(3) 若分两批张拉,后批张拉引起前批损失为 12MPa 时,计算第一批张拉时的张拉力。

9. 用先张法工艺制作空心板,采用直径 5mm 的冷拔低碳钢丝作预应力筋,其标准强度值 $f_{puk}=650N/mm^2$,使用梳筋板夹具,每次张拉 6 根,张拉程序为:$0 \rightarrow 1.03\sigma_{con}$,试根据规定的控制应力求每次张拉力。

六、结构安装工程

1. 履带式起重机的特点是什么?起重性能参数有哪几个,它

A. 常规题部分

们之间有什么关系?如何查起重性能表及曲线?

2. 汽车式、轮胎式起重机的使用特点有哪些?

3. 桅杆式起重机的类型及特点是什么?

4. 塔式起重机的特点及类型有哪些?起重性能参数主要有哪几个?如何选择塔吊?

5. 构件运输、堆放应注意哪些问题?构件质量检查包括哪些内容?

6. 单机吊柱时,旋转法和滑行法各有哪些特点?对柱子的平面布置各有何要求?

7. 钢筋混凝土柱的吊装工艺有哪些?如何对位、临时固定、校正和最后固定?

8. 屋架起吊时绑扎点如何选择?为什么对屋架要临时加固?

9. 屋面板安装顺序如何确定?

10. 什么是分件吊装法及综合吊装法?简述其优缺点及适用范围。

11. 如何根据构件重量及安装高度来确定起重机的型号及工作参数?如何确定吊装屋面板时的最小臂长?

12. 起重机的开行路线及构件平面布置如何确定?

13. 屋架扶直就位的平面布置有哪几种方式?各有什么要求?

14. 多高层装配式结构的吊装机械如何选择,常用哪些布置形式?

15. 预制框架结构的安装方法有哪几种?构件安装顺序如何?整体式的节点分几次浇筑?

16. 试述升板法施工的工艺过程及特点。楼板的提升单元如何划分,提升顺序如何?常用哪些措施来提高群柱的稳定性?

17. 某厂房柱的牛腿标高 8.3m,吊车梁长 6m、高 0.8m,起重机的停机面标高为 -0.3m,试计算吊车梁的起重高度。

18. 某车间跨度 24m,柱距 6m,天窗架顶面标高 16.8m,屋面板厚 240mm,试选择履带式起重机的最小臂长(停机面标高 -0.3m,起重臂枢轴中心距地面高度 $E=1.7$ m)。

19. 某单厂跨度为 21m,柱距 6m,共 5 个节间,两列柱分别在跨内和跨外预制,柱高 12m,牛腿根部至柱底 9m。当起重机的起重半径为 7m,开行路线至杯口中心线 5.5m 时,试确定吊柱停机点,并按旋转法吊装布置柱。

20. 某厂房跨度 18m,柱距 6m,6 个节间,选用 W_1-100 履带式起重机进行结构吊装。吊装屋架时的起重幅度(回转半径)为 8m,试绘出吊装开行路线,停机点及屋架斜向就位布置图。

习 题

七、防水工程

1. 防水混凝土有哪些种类,使用与配制有哪些要求?
2. 试述反映防水混凝土抗渗性能的设计强度等级、配制强度等级、检验强度等级的区别与要求。
3. 防水混凝土的施工缝、变形缝、穿墙螺栓处等防水薄弱部位如何处理?
4. 防水混凝土的施工要点有哪些?
5. 地下防水卷材的铺贴方案有哪些?各有何特点?施工顺序有何不同?
6. 屋面卷材防水层的基层如何处理,有何要求?
7. 屋面防水层的施工条件与准备工作有哪些?
8. 屋面卷材防水层的铺贴顺序、铺贴方向及搭接要求各有何规定?

八、装饰装修工程

1. 装饰装修工程的作用及施工特点是什么?
2. 抹灰分为哪几类?一般抹灰分几级,具体要求如何?
3. 抹灰的基层应做哪些处理?
4. 抹灰一般由哪几层组成,各层起什么作用?
5. 一般抹灰的施工顺序有何要求?对材料有何要求?
6. 试述水磨石、水刷石、干粘石、剁假石的施工工艺及要点。
7. 试述瓷砖及石材墙、地面的施工工艺与要点。
8. 裱糊及涂料施工的作业条件与要点有哪些?

九、路桥工程

1. 路基填筑前,需对基底做哪些处理?
2. 路基填筑对材料有何要求?
3. 压实路基的机械有哪些,各自主要适用范围如何?
4. 如何保证半刚性路面基层的施工质量?
5. 路面碾压一般有哪几道程序,它们有何区别?
6. 简述混凝土墩台的浇筑要求。
7. 简述混凝土桥梁悬臂浇筑的工艺顺序。
8. 采用悬臂拼装法施工时,块件的吊装方法有哪些?
9. 何谓移动模架法,它有哪些特点?
10. 顶推施工有哪些基本工序?顶推施工方法有哪些?
11. 可采取哪些措施来承受顶推过程中悬臂的负弯矩?
12. 何谓转体施工法,适用范围如何?

十、施工组织概论

1. 建筑产品及生产的特点有哪些?

A. 常规题部分

2. 施工程序分为哪几个步骤？
3. 施工准备工作包括哪些内容？
4. 施工组织设计分为哪几类？主要包括哪些内容？
5. 施工组织设计编制的原则有哪些？
6. 施工中如何贯彻与调整施工组织设计？

十一、流水施工原理

1. 组织施工有哪三种方式，各有何特点？
2. 流水施工的实质是什么？有哪些优点？
3. 流水施工参数有哪些？各如何确定？
4. 组织流水施工为什么常要分段？分段原则有哪些？
5. 按流水节拍的特点及流水节奏的特征，流水作业各有哪些组织方法？
6. 全等节拍、成倍节拍和分别流水法各如何组织？
7. 某构件预制工程需分两层叠制 160 个构件，层间技术间歇需 4d，总工程量及定额如下表。现有木工 6 人，其他工种人员充足，试组织全等节拍流水。

注：先初定步距，求出每层段数。

序 号	施工过程	总工程量	产量定额	总劳动量
1	扎 筋	63t	0.4t/工日	160 工日
2	支 模	600m²	5m²/工日	120 工日
3	浇混凝土	240m³	1m³/工日	240 工日

8. 某分部工程由甲、乙、丙三个分项工程组成，在竖向上划分为两个施工层组织流水施工。流水节拍均为 2d。为缩短计划工期，容许分项工程甲与乙平行搭接时间为 1d，分项工程乙完成后，它的相应施工段至少有技术间歇 1d，层间组织间歇为 1d。为保证工作队连续作业，试确定每层施工段数、计算工期、并绘制流水施工水平指示图表。

9. 某两层现浇钢筋混凝土工程，施工顺序为：安装模板→绑扎钢筋→浇筑混凝土。据技术与组织要求，流水节拍定为：$t_1=2d$，$t_2=3d$，$t_3=1d$；层间技术间歇 1d。试组织成倍节拍流水作业。

10. 某工程有两层，每层分为 4 段，有三个专业队进行流水作业，它们在各段上的流水节拍分别为：甲队　3　3　2　2(d)
　　　　　　　　　　　　　　　　　　乙队　4　2　3　2(d)
　　　　　　　　　　　　　　　　　　丙队　2　2　2　3(d)

试按分别流水法组织施工，保证各队在每层内连续作业。

十二、网络计划技术

1. 简述网络图的绘制规则与要求。

习 题

2. 什么是关键工序和关键线路?
3. 网络图的时间参数有哪些?计算方法有哪些?
4. 单代号与双代号网络图的时间参数及计算顺序有何不同?
5. 如何判定双代号时标网络计划的时间参数?
6. 网络图的优化包括哪几个方面?试述其步骤。
7. 找出如下网络图中的错误,并写出错误的部位及名称。

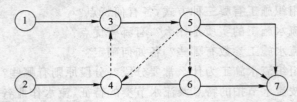

8. 根据表中的逻辑关系,绘制双代号网络图:

(1)

工作名称	A	B	C	D	F	G
紧前工作	—	—	A,B	—	B,G	C,D

(2)

工作名称	A	B	C	D	E	F	G	H
紧后工作	C,D,E	E	F	F	G,H	—	—	—

9. 某基础工程分三段流水施工,其施工过程及节拍为:挖槽2d,打灰土垫层1d,砌砖基础3d,地圈梁施工2d,肥槽回填2d,试绘制双代号网络图。

10. 用图上计算法计算如下网络图,并求出工期,找出关键线路。

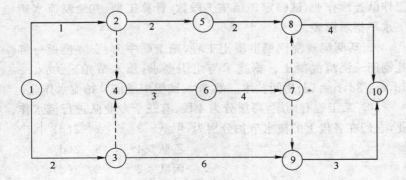

11. 根据下表给出的条件,绘制一个双代号网络图,并计算其各工作的时间参数 ES、EF、LS、LF、TF、FF,求出工期,找出关键

线路。

工作代号	延续时间	紧后工作	工作代号	延续时间	紧后工作
A	9	无	E	6	H
B	4	D、E	G	4	无
C	2	E	H	5	无
D	5	G、H			

12. 将第11题改绘成单代号网络图，并计算各工作的时间参数，求出工期，找出关键线路。

13. 计算如下单代号网图。

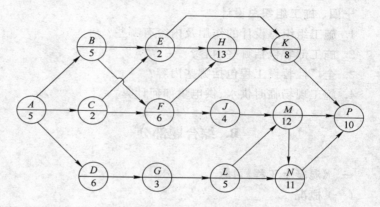

14. 将第11题改绘成双代号时标网络计划。

15. 某建筑公司搅拌站每天混凝土供应能力最多为 $300m^3$，其混凝土工程的施工计划初始方案如下图。试对该网络图进行资源平衡调整，使每天混凝土需要量不超过供应能力。

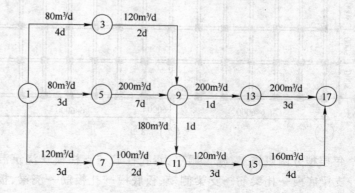

十三、单位工程施工组织设计

1. 单位工程施工组织设计的内容有哪些？
2. 施工方案的内容包括哪些？

3. 确定施工顺序应考虑哪些原则？

4. 砖混住宅、现浇框架的结构施工顺序如何？

5. 内外装饰的流向及各工序间的施工顺序如何安排？

6. 施工机械选择的内容及原则包括哪些？

7. 砖混住宅、单层厂房、现浇框架的施工方法与机械选择应着重哪些内容？

8. 施工进度计划的类型及形式各有那些？

9. 编制施工进度计划的原则有哪些？如何调整工期？

10. 施工平面图设计的原则有哪些？设计的内容、步骤及要求如何？

十四、施工组织总设计

1. 施工组织总设计的作用及内容有哪些？

2. 施工部署包括哪些内容？

3. 全厂性暂设工程包括哪些内容？

4. 施工现场临时供水、供电量如何计算？

B. 综合题部分

一、《混凝土工程》习题

（一）概况

某五层现浇钢筋混凝土框架结构，标准层平面如图。柱的断面尺寸为 500mm×500mm，梁为 250mm×600mm，板厚 150mm；柱混凝土为 C35，梁板混凝土为 C25；层高为 3.6m。

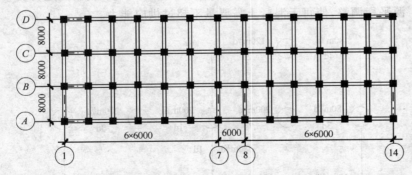

每层拟分两段施工，施工顺序为：扎柱筋→支柱模→浇筑混凝土→支梁底模→扎梁筋→支梁侧模、板底模→扎板筋→浇梁、板混凝土→养护→上一层（同前）。混凝土采用现场搅拌，塔吊运输。C35 混凝土的试验配比为：1∶1.85∶3.55，水灰比 0.55，水泥用量为 385kg/m³；C25 混凝土试验配比为：1∶2.12∶3.88，水灰比 0.58，水泥用量为 350kg/m³。测得现场砂石含水率为 3%和 2%。

(二) 试完成以下内容

1. 选择搅拌机的型号,计算施工配比及每盘配料量;
2. 确定柱及梁板施工缝的位置,留、接槎的方法和要求;
3. 提出各构件的浇筑顺序与要求;
4. 养护方法与要求。

(三) 参考资料

《建筑施工手册》;《建筑安装分项工程施工工艺标准》;《混凝土结构工程施工质量验收规范》(GB 50204—2002);其他施工教材等。

二、《单厂结构吊装》习题

(一) 工程概况

某两跨单层厂房为装配式钢筋混凝土结构。基础平面、厂房剖面及柱、屋架等尺寸见图。屋面板为 6000×1500×240(mm)的

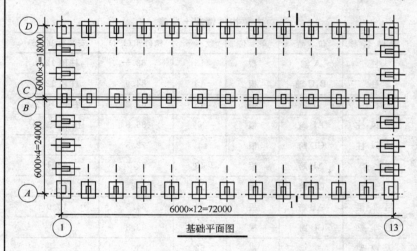

基础平面图

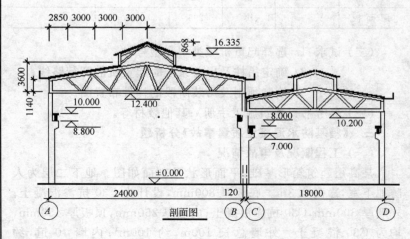

剖面图

大型屋面板。柱子、预应力屋架拟在现场预制,其余在构件厂预制;施工现场地面标高为±0.00;拟采用分件吊装法施工。

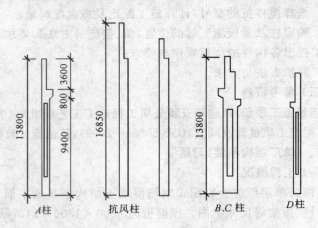

主要构件情况一览表

构件名称	位 置	单 位	数 量	构件重(kN)	安装标高(m)
柱	A轴	根	13	63.5	柱顶12.4
柱	B、C轴	根	13	84.9	柱顶12.4
柱	D轴	根	13	62.2	柱顶10.2
抗风柱	AB跨	根	6	86.8	柱顶15.55
抗风柱	CD跨	根	4	72.5	
屋 架	AB跨	榀	13	82.7	12.4
屋 架	CD跨	榀	13	48	10.2
吊车梁	AB跨	根	24	34.3	10.0
吊车梁	CD跨	根	24	33.8	8.0
天窗架		榀	62	30	
屋面板		块	296	13	

(二)试求:1. 选择起重机械类型和型号;
    2. 确定吊柱及屋盖系统时起重机的开行路线;
    3. 绘制预制及吊装阶段的构件布置图。

(三)参考书:《建筑施工手册》;其他教材等。

三、《箱基防水混凝土质量事故》分析题

(一)工程概况及事故情况

某高层建筑箱形基础,平面形状及剖面如图。地下二层为人防地下室,净高3.3m。底板厚800mm,设计为C30抗渗混凝土;外墙厚300mm,C30抗渗混凝土;内墙厚250mm,顶板厚450mm,均为C30混凝土。外墙总长100m,约100m³;内墙10道,约

250m³;顶板约 300m³。

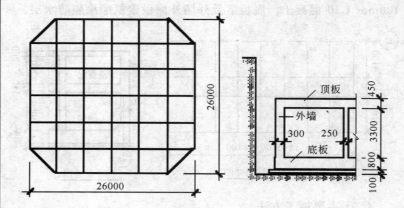

该工程采取底板施工后,内外墙、顶板均用 C30 抗渗混凝土一次连续浇筑的施工方案。浇筑时采用一台混凝土泵车,停在东侧可浇筑一半面积,再移至西侧浇另一半,在东、西各停两次即将墙体全部浇完;再移动两次,将顶板浇完。共连续浇筑 32h。经养护拆模后,发现有大量孔洞、裂缝和疏松处。经检查,混凝土试块强度符合要求,对现场混凝土钻芯取样进行测试,平均强度为 24MPa,最低强度为 16MPa,造成重大质量事故。甲方及施工单位同意炸掉,直接损失将达到 200 万元;上级主管部门要求做加固处理,工期推迟了 8 个多月。

(二) 试分析

1. 该工程内、外墙及顶板的浇筑方案是否合理、经济? 若不合理,应采用何种方案?

2. 浇筑墙体时,泵车应至少移动几次方能保证浇筑质量? 每小时的浇筑量至少应为多少? 墙体浇筑应如何进行?

3. 混凝土样的强度平均值及最低值是否符合规范要求? 为何取样值大大低于所留试块的强度值?

(三) 参考资料

《混凝土结构工程施工质量验收规范》GB 50204—2002;《建筑工程防水施工手册》;《地下工程防水技术规范》GB 50108—2001 等。

四、《防水工程》习题

(一) 概况

某钢筋混凝土箱形基础,其轴线尺寸见图。底板厚 800mm,外墙厚 300mm,内墙厚 200mm,底层人防顶板厚 350mm,设备层顶板厚 200mm,外墙及底板均为掺 UEA 的防水混凝土,抗渗等级为 1.2MPa。底板、墙体、顶板混凝土强度等级为 C30，垫层厚 100mm，C10 混凝土。底板下及外墙外侧做聚氨酯涂膜防水层。

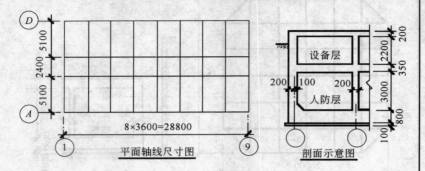

（二）主要施工方法

1. 模板：墙体为小钢模组装成大模，顶板用胶合板模板；
2. 钢筋：现场绑扎双层网片，直径 25mm 以上的竖向钢筋现场焊接；
3. 混凝土：除垫层采用现场搅拌外，其他均用泵送商品混凝土。

（三）试确定

1. 钢筋混凝土部分的施工顺序；
2. 底板及外墙防水混凝土的浇筑方案，计算浇筑强度；
3. 防水混凝土的施工措施与要求（支模、扎筋、混凝土浇筑、施工缝的留设与处理、养护、检查等）。

（四）要求

1. 基础底板要连续浇筑；2. 施工缝位置要合理；3. 支模、扎筋及混凝土的施工措施均应以保证不渗漏为原则。

（五）参考资料

《建筑防水工作手册》、《土木建筑国家级工法汇编》、《建筑工程防水施工手册》、《高层建筑施工手册》、《地下工程防水技术规范》GB 50108—2001、《地下防水工程质量验收规范》GB 50208—2002、《混凝土结构工程施工质量验收规范》GB 50204—2002。

五、《网络计划技术》习题

（一）题目

有三栋两层砖混结构住宅，拟采取栋号间分层流水施工。已知其施工顺序及持续时间，试绘制双代号网络图，并计算时间参数，找出关键线路。

1. 基础工程（每栋）：挖槽(2d)→垫层(1d)→砌砖基础(3d)→地圈梁(1d)→回填土及暖沟施工(2d)；

2. 主体结构工程（每栋的每层）：扎构造柱筋、砌墙及搭脚手架等(3d)→支构造柱、圈梁模，扎圈梁筋(1d)→安楼板、阳台板等(1d)→浇构造柱、圈梁、板缝混凝土(1d)→（二层同前）→养护(5d)→拆模(0.5d)；

3. 屋面工程（每栋）：铺保温层(2d)→抹找平层(1d)→养护、干燥(10d)→铺贴防水层(2d)；

4. 外装饰工程（每栋）：门窗框安装(1d)→外墙抹灰(3d)→养护、干燥(8d)→喷涂、拆脚手架(2d)→勒脚、散水、台阶(2d)；

5. 内装饰工程（每栋每层）：顶板勾缝(1d)→内墙抹灰(3d)→楼、地面铺磨石(2d)→养护(3d)→安门窗扇(1d)→油漆、玻璃(3d)→刮腻子、喷浆(3d)。

（二）要求

1. 逻辑关系正确，注意各分部工程间的联系；
2. 符合绘图规则，注意交叉、换行方法；
3. 可考虑水、电、暖、卫、气设备安装与土建的关系；
4. 有余力者可改制成时标网络，有条件者可再用计算机绘图分析。

（三）参考资料

《工程网络计划技术》、《工程网络计划技术规程》JGJ/T 121—99、《施工组织与计划》、施工教材等。

六、《单位工程施工组织设计》习题

（一）工程概况

某中学教学楼工程为四层砖混结构，建筑面积 $5076m^2$，东西长 67.68m，南北宽 24.97m，檐口高 15.23m，层高 3.6m，首层平面布置如下图所示。

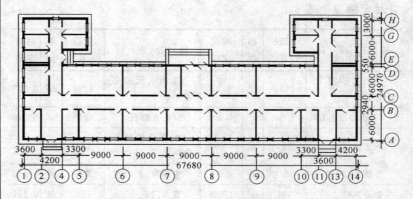

楼梯间、走廊、门厅均为预制水磨石楼地面，其他均为水泥砂浆楼地面。楼地面下均有 70mm 或 100mm 厚水泥焦渣垫层。内

习 题

墙为混合砂浆中级抹灰,1.2m高油漆墙裙,以上墙面及顶板为内墙涂料。钢窗木门。外墙首层为是刷石,其上均为干粘石墙面。屋面为水泥焦渣找坡,200mm厚加气混凝土保温,水泥砂浆找平,两层SBS改性沥青油毡防水层。

结构按8度设防。纵横墙承重,外墙厚365mm,内墙厚240mm,预应力圆孔板,现浇楼梯,层层设圈梁、构造柱,混凝土均为C20,砖为MU100普通黏土砖,混合砂浆为M2.5。

基础埋深为-2.40m。据勘查报告,地下水位在-10m以下,开挖范围内上部有1m厚填土,其下部为4m厚粉土。砖砌大放脚带形基础下有150mm厚灰土垫层。-2.16m和-0.06m下各有一道240厚地圈梁,构造柱筋锚于底圈梁内。混凝土均为C20,砖为MU10,砂浆为M5水泥砂浆。

设备有上下水、暖气、照明和广播电视五个系统。

本工程位于北京西城区,工期为7个月,构件、材料、机械均可按计划满足供应,现有劳动力如下:普工60人,瓦工50人,钢筋工20人,木工30人,抹灰工40人,油漆工20人,油毡工10人,架子工10人,混凝土工40人。矩形场地的边缘距教学楼为:楼东25m,楼西15m,楼南30m,楼北15m。现场北侧、东侧场外均有道路,场地东北角有水源(ϕ100mm管接口),西北角有电源(300kVA变压器)。

(二)作业内容

1. 确定施工方案;2. 编制施工进度计划;3. 绘制施工平面布置图。

(三)已知条件

1. 各主要施工过程的工程量及定额各主要施工过程的工程量及定额见下表。

施工项目	工程量	单位	时间定额	施工项目	工程量	单位	时间定额
挖土方(人工挖土方)	2615	m³	0.33	屋面水泥砂浆找平	1269	m²	0.055
(若机械挖土方)	2958	m³	0.003	铺防水卷材	1269	m²	0.046
灰土垫层	224	m³	0.947	砌女儿墙及压顶施工	150	m³	1.6
地圈梁(两道)	86.4	m³	0.92	安钢窗、木门框	378	樘	0.113
砌砖基础	496	m³	1.088	安木门扇	196	扇	0.131
基础构造柱施工	8.9	m³	1.89	外墙抹灰(干粘、水刷)	1847	m²	0.295

续表

施工项目	工程量	单位	时间定额	施工项目	工程量	单位	时间定额
肥槽及房心回填	1498	m³	0.19	内墙抹灰	7581	m²	0.114
立塔吊		台	5d	楼地面垫层	495	m³	0.52
搭井架		座	2d	楼地面抹灰	3010	m²	0.094
扎构造柱筋	8.96	t	4.08	铺楼地面磨石板	1105	m²	0.185
支构造柱、圈梁模板	965	m²	0.217	门窗油漆	867	m²	0.228
砌砖墙	2041	m³	1.32	安门窗玻璃	405	m²	0.047
安楼板	956	块	0.008	墙裙油漆	2522	m²	0.051
支板缝、现浇板、楼梯模	364	m²	0.91	顶、墙刮腻子喷浆	9784	m²	0.02
浇构造柱混凝土	57.45	m³	1.49	拆塔吊		座	2d
浇圈梁、板缝混凝土	264.4	m³	1.34	拆脚手架	5076	m²	0.05
搭脚手架	5076	m²	0.12	拆井架		座	1d
拆模板(结构)	1329	m²	0.1	做散水、台阶	164	m²	0.25
屋面找坡层	190.4	m³	0.52	扎圈梁筋	31.68	t	6.92
屋面保温层(干铺)	253.8	m³	0.32				

2. 现场布置内容与面积

现场布置内容与面积见下表。

名称	数量或面积	名称	数量或面积	名称	数量或面积
塔吊、井架		钢筋原料堆场	20~30m²	工具库	30~60m²
现场道路		钢筋加工棚	10~20m²	材料库	30~60m²
预制楼板	150块	钢筋成品堆场	25~35m²	现场办公室	20~25m²
搅拌机棚	4×5m	砖堆场	60~80m²	工人休息室	40~80m²
砂堆场	20~35m²	模板堆场	20~40m²	食堂	30~50m²
石子堆场	30~40m²	脚手架料堆场	20~30m²	厕所	2×8~12m²
水泥库	20~25m²	木加工棚	15~20m²	警卫室	4~6m²
白灰堆场	10~15m²	水电加工棚	10~20m²	水、电管线	

(四) 参考书

《建筑工程施工组织设计实例应用手册》;《建筑施工手册》;《砌体工程施工质量验收规范》GB 50203—2002;《混凝土结构工程施工质量验收规范》GB 50204—2002;施工教材等。

参 考 文 献

1. 《建筑施工手册》编写组.建筑施工手册(第四版).北京:中国建筑工业出版社,2003
2. 重庆建筑大学,同济大学,哈尔滨建筑大学合编.建筑施工(第三版).北京:中国建筑工业出版社,1997
3. 毛鹤琴主编.土木工程施工.武汉:武汉工业大学出版社,2000
4. 应惠清主编.土木工程施工.上海:同济大学出版社,2001
5. 穆静波主编.建筑装饰装修施工技术.北京:中国劳动社会保障出版社,2003
6. 孙震主编.建筑施工技术.北京:中国建材工业出版社,1996
7. 彭圣浩主编.建筑工程施工组织设计实例应用手册(第二版).北京:中国建筑工业出版社,1999
8. 朱嬿,丛培经编著.建筑施工组织.北京:科学技术文献出版社,1994
9. 穆静波主编.建筑装饰装修工程施工组织设计与进度管理.北京:中国建筑工业出版社,2002